计算机发展历程探寻

神机妙算会「银河」

中国第一台巨型计算机"银河–I"的

研制、创新与影响

司宏伟◎著

人民邮电出版社

北京

图书在版编目（CIP）数据

神机妙算会"银河"：中国第一台巨型计算机"银河-Ⅰ"的研制、创新与影响 / 司宏伟著. -- 北京：人民邮电出版社，2024.5
ISBN 978-7-115-64353-7

Ⅰ. ①神… Ⅱ. ①司… Ⅲ. ①巨型计算机－介绍－中国 Ⅳ. ①TP338.4

中国国家版本馆CIP数据核字(2024)第091731号

内 容 提 要

本书以我国第一台巨型计算机——银河-Ⅰ为主题，以相关原始档案等资料为基础，以当年研制人员和其他亲历者的访谈内容为补充，还原银河-Ⅰ的研制历程，并将其与美国同期巨型计算机进行对比，揭示银河-Ⅰ的技术创新和工程创新，总结银河-Ⅰ研制创新的经验教训。本书对我们当前走高水平科技自立自强之路、实现中国式现代化具有重要参考价值，对培育创新文化、弘扬科学家精神、涵养优良学风、营造创新氛围具有积极意义。

本书可供科技史与科技哲学领域的专家、高等院校计算机相关专业师生参考，也可供对计算机发展史感兴趣的读者阅读。

◆ 著　　　　司宏伟
　　责任编辑　贺瑞君
　　责任印制　马振武

◆ 人民邮电出版社出版发行　　北京市丰台区成寿寺路 11 号
　　邮编　100164　　电子邮件　315@ptpress.com.cn
　　网址　https://www.ptpress.com.cn
　　北京捷迅佳彩印刷有限公司印刷

◆ 开本：700×1000　1/16
　　印张：15　　　　　　　　　　2024 年 5 月第 1 版
　　字数：253 千字　　　　　　　2025 年 1 月北京第 2 次印刷

定价：89.80 元

读者服务热线：(010)81055410　印装质量热线：(010)81055316
反盗版热线：(010)81055315
广告经营许可证：京东市监广登字 20170147 号

本专著为中国科学院自然科学史研究所"十四五"重大专项课题"中外科技创新史比较研究——科技自立自强之路"（E2291J01）研究成果。

序

在已经过去的20世纪，对人类社会影响最大的发明创造，一定少不了电子计算机。1946年第一台电子计算机的问世，引发了计算技术的革命，使人类进入了计算机时代。电子计算机作为信息革命的主要工具，加快了信息社会到来的步伐，对现代经济和社会发展的影响已经超过了其他任何事物。计算机的发明和应用，不仅帮助人类提高了计算和记忆能力，还改变了人类的思维方式、科研方式、管理方式、生产方式，甚至生活方式。

计算机科学技术是当代发展最快、影响最大的前沿科技领域。作为电子工业的重要组成部分，以及高端制造业的主导部分，计算机研制的发展水平已成为一个国家科技实力和综合国力的重要体现。中国计算机事业从新中国成立初期起步，历经仿照苏联模式初创、自力更生形成工业体系、借改革开放学习并追赶美国等西方先进国家、在全球化背景下走自主创新之路的发展流变。经过几十年的努力，如今的中国已能够研制出全世界最快的计算机系统，且计算机专业工程师数量、计算机技术专利申请数量居世界第一，信息技术领域的整体技术和产业水平已居世界前列。

巨型计算机（又称超级计算机）集现代计算机科学技术之大成，是采用最先进的技术设计、生产出来的功能最强、运算速度最快、存储容量最大、面向科学与工程的电子计算机系统。1976年，美国计算机科学家西摩·克雷（Seymour Cray）研制出运算速度达1亿次/秒的Cray-1型巨型计算机，是世界上第一台真正实用的巨型计算机。此后一段时期内，Cray系列巨型计算机一直是全世界最先进的巨型计算机，引领国际巨型计算机发展潮流数十年。巨型计算机被誉为计算机工业"皇冠上的明珠"，在国际高科技竞争与战略博弈中扮演着重要角色，成为世界强国抢占科技制高点的重要因素。

中国第一台巨型计算机——银河-Ⅰ，是在中国共产党十一届三中全会以来的路线、方针、政策正确指引下，在波澜壮阔的改革开放实践中产生的国家重大科技成果。以银河-Ⅰ总设计师慈云桂为代表的一大批科技工作者，坚持独立自主、自力更生的原则，同时学习国外先进的技术与工程经验，发扬胸怀祖国、团结协作、志在高峰、奋勇拼搏的精神，按期保质地完成了银河-Ⅰ研制工程，填补了中国巨型计算机的空白。银河-Ⅰ的问世标志着中国立于世界巨型计算机研制之林，它在国民经济和国防建设中发挥了重要作用。

当今时代，对科学技术的研究不仅包括对其本身知识体系的认知，还包括对其内在的历史逻辑、发展脉络，以及与人类社会的互动影响等问题的研究。我们在致力解决当下科学技术问题、赶超国际先进水平之时，也应该系统地回顾和探讨中国科技的发展历程，充分借鉴历史上的成功经验，为今后的决策与实践提供有益的参考。就国内外的科技史研究来说，计算机史属于"年轻"的分支领域，而我们对中国计算机发展史（特别是巨型计算机史）的研究，总体上还比较薄弱。尤其是银河-Ⅰ研制这类重要题材，往往涉及国防建设、国家安全等，相关资料长期处于不公开状态，现有的科技史学术成果既不够系统化，也没有专门化，宏观上缺乏全面深入的梳理和总结，微观上也缺乏详细的数据分析、案例分析和对比分析，具有较大的研究空间。

本书作者司宏伟博士是计算机专业科班出身，曾经在银河-Ⅰ的研制单位学习和工作多年，他对银河-Ⅰ研制的光荣历史始终怀有崇敬之情和浓厚的学术兴趣。2005年本科毕业后，他参与了银河科研工程相关工作，十年如一日，不断积累和沉淀，对相关档案资料和科研人员比较熟悉。2015年，他从军队退役，到地方工作后不久，就成为我的博士研究生，攻读科学技术史专业博士学位。我考虑到他以往的学术基础训练比较好，又有独特的科研人生经历，遂建议他以银河-I的研制、创新与影响为主题开展长期的科技史学术研究工作。宏伟在博士、博士后阶段，不断发掘和补充研究史料，开展专题研究工作，取得了可喜成果。他到中国科学院自然科学史研究所工作后，参加了该所"十四五"重大专项课题"中外科技创新史比较研究——科技自立自强之路"的研究，进一步拓展和深化相关研究内容。我很高兴看到宏伟完成了本书的写作，达到了科技史学者应有的学术水准。一番苦功下，至今又十年，可谓二十年磨一剑。

在撰写本书的过程中，作者对银河-I研制的大量原始档案进行了认真分析，对银河-I相关研究的文献资料进行了深入挖掘和用心考据，对新的学术观点进行了细心求证，力图全面展现银河-I研制与创新的历史原貌；对当年参加银河-I研制的决策者、组织者、参研人员、合作技术专家、工人、学员等进行了口述史访谈，以求尽可能真实地反映银河-I研制过程中各方人员学习、工作、生活的景况；对银河-I研制的关键技术与先进工程手段进行了个案分析，并将其与美国同类巨型计算机Cray-1进行了比较研究，归纳出银河-I的技术特点、技术与工程创新成果及不足之处。同时，他坚持论从史出、史渗透论、史论结合，中肯地评价了慈云桂及研制团队在银河-I工程中的重要贡献和作用，客观地阐述了银河-I工程在物质和精神层面对后续工程的积极影响，系统地总结了银河-I工程成功的科研范式和经验启示。

为方便读者更好地了解银河-I所涉及的巨型计算机工程技术内涵，作者力求文字通俗易懂、深入浅出，同时精选了大量相关照片、工程图、示意图和统计表格，使文与图表相得益彰。本书不仅有助于相关领域的学者认识银河-I研制的整体面貌与历史意义，对希望了解中国巨型计算机发展历程的读者，也不无启迪。

宏伟博士潜心学问、持之以恒，在计算机史研究方面已经做了不少工作。本书是他完成的一项扎实的学术成果，相信能够得到同行和读者们的认同。

是为序。

冯立昇

2024年3月

于清华园

前　言

亿万星辰会银河，世人难知有几多。神机妙算巧安排，笑向繁星任高歌。

——张爱萍

我国自主研制的第一台巨型计算机，是国防科学技术大学计算机研究所研制成功的银河-Ⅰ。银河-Ⅰ研制工程始于1978年5月，又称"785工程"。1982年1月，在该机硬件系统全部调试完毕后，时任国务院副总理兼国防科委主任的张爱萍将军亲笔为其题名"银河"（后称银河-Ⅰ）。

1983年12月，银河-Ⅰ通过国家鉴定，随后荣获"特等国防科技成果奖"，研制单位荣立集体一等功。1984年10月1日，该机模型彩车在北京天安门前参加了"庆祝新中国成立35周年"群众庆祝游行活动，引起了人们的广泛关注。

银河-Ⅰ借鉴了当时世界先进的主流巨型计算机技术，以向量运算为主，字长为64位（bit），平均运算速度大于1亿次/秒，系统稳定可靠，软件较齐全，主要技术指标均达到或超过了鉴定大纲的要求，某些方面达到了国际水平。它的成功研制，填补了国内巨型计算机的空白，使我国成为继美国、日本等国之后，世界上少数几个成功研制出巨型计算机的国家之一，它的应用在我国国民经济发展和国防建设中发挥了重要作用。

银河-Ⅰ是我国改革开放后涌现出的重大科研成果之一。研制团队贯彻执行中国共产党十一届三中全会以来的路线、方针、政策，坚持独立自主、自力更生，充分利用我国对外开放的条件，借鉴国外先进技术思想，结合国内实际情况大胆创新，使我国计算机性能水平实现了运算速度1亿次/秒以上的跨越，为我国巨型计算机事业从"零的突破"迈向"世界之巅"提供了宝贵经验。

银河-I研制成功以来,这一典型案例不断引起国内科技史与科技哲学等相关领域学者的关注,但总体上讲,这方面的学术成果并不多见。银河-I研制成功在当年是我国科技界的重大事件,有关的宣传报道很多,但截至本书成稿之日,尚未有系统的学术研究专著。那么,我国为什么要研制银河-I?银河-I的研制过程是怎样的?银河-I在技术和工程上的创新在哪里,究竟是如何实现的?与美国Cray-1相比,银河-I有哪些优势或不足?银河-I研制成功后的应用如何,产生了什么样的积极影响?银河-I的研制、创新与影响带给我们哪些思考与启示?

本书作者毕业于银河-I的研制单位——国防科学技术大学,参与过天河一号超级计算机研制工程,主持过该单位计算机发展史的研究与宣传工作,接触过银河-I研制的大量原始档案和多位亲历者,在银河-I研制史的学习研究方面有一定的积累;之后,作者又先后在清华大学科学史系、中国科学院自然科学史研究所学习、工作,增强了自身关于科技史(特别是计算机史)的研究能力。针对上文提出的几个问题,作者尝试利用自身计算机和科技史的双重专业背景,以相关原始档案等资料为基础,以当年研制人员和其他亲历者的访谈内容为补充,从计算机史的角度尽可能还原银河-I的研制历程,并将其与美国同期巨型计算机进行对比,揭示银河-I的技术创新和工程创新,总结银河-I研制创新的经验教训。

银河-I是中共中央高层战略谋划与科学决策的结果,是国家和军队重大战略需求任务引领与驱动的产物,密切反映了科学与政治、军事的关系。银河-I也是慈云桂总设计师带领研制团队勇攀世界科技高峰的具体体现,而科学家在科技发展中的地位与作用历来是外史论科技史研究的重要部分。银河-Ⅰ的成功研制与应用对国民经济发展与国防建设起到了重要作用，对"银河-天河"系列巨型计算机，乃至我国巨型计算机的发展都产生了深远影响。银河-Ⅰ研制工程实践中逐渐形成的以"胸怀祖国、团结协作、志在高峰、奋勇拼搏"为内容的"银河精神"，不仅成为研制单位凝聚队伍、发展事业的精神圭臬，而且对我们培育创新文化、弘扬科学家精神、涵养优良学风、营造创新氛围具有积极意义。

本书内容安排如下。

第一章比较全面、系统地梳理和分析国际与国内巨型计算机的发展情况，揭示巨型计算机在科学研究、国防军事和国民经济等领域中的地位和作用。

第二章阐述我国为什么要研制巨型计算机、为什么由国防科学技术大学来研制我国第一台巨型计算机——银河-Ⅰ，并介绍银河-Ⅰ研制背后一些鲜为人知的历史细节。

第三章从总体方案论证和工程准备，实验、逻辑设计、插件工程化与模型机研制，主机生产，硬件系统调试，软件系统的研制与联调，试算与国家技术考核、鉴定这6个阶段，对银河-Ⅰ的研制过程进行比较完整的阐述。

第四章简述慈云桂生平，详细介绍慈云桂在银河-Ⅰ研制中发挥的作用，并绘制银河-Ⅰ的技术指挥线，简要介绍慈云桂带领的科研团队中部分主要成员参与研制的情况。

第五章以相关原始技术档案资料为基础，揭示银河-Ⅰ在体系结构、硬件系统、系统软件等方面的技术创新。

第六章从科技史研究的角度探讨银河-Ⅰ在工程组织管理、工程工艺与技术方面的创新，以及更正、完善银河-Ⅰ工程指挥体系图谱等内容。

第七章对美国首台可持续运算速度达到亿次级的计算机 Cray-1 与银河-I 进行比较研究,深入分析银河-I 与 Cray-1 的性能指标与异同点,并探究它们的优势与劣势。

第八章阐述银河-I 的应用推广成果,银河-I 对后续"银河-天河"科研工程的影响,以及银河-I 科研工程实践中产生的"银河精神"。

第九章总结、揭示银河-I 研制的历史经验,以及它对探索中国式现代化建设、实现高水平科技自立自强的启示。

目　录

第三章　银河-I 的研制过程　　　　　　　　　　47

第四章 银河-I 的总设计师慈云桂及其团队   70

第五章 银河-I 的技术创新   99

第六章 银河-Ⅰ的工程创新　　　　134

第一章
巨型计算机发展综述

巨型计算机（简称巨型机）又称超级计算机，是指在当时的生产工艺条件下，采用最先进的技术和工艺设计生产出来的性能最好、功能最强、运算速度最快、存储容量最大、面向科学与工程的最高档次的电子计算机（Electrenic Computer，俗称电脑）系统。巨型计算机通常由成百上千个处理器（机）组成，具有极强的数值计算能力和数据处理能力，能完成普通个人计算机和服务器无法胜任的大型复杂课题。随着科学技术的不断进步，计算机的升级速度非常快，因此，巨型计算机具有鲜明的时代特征，其评判标准也是不断变化的。

我国第一台巨型计算机——银河-Ⅰ（见图1-1）诞生于20世纪80年代，那个时候工业界对巨型计算机的普遍标准是：可持续运算速度大于1亿次/秒，字长达64位（bit），主存储器的容量至少为100万字的电子数字计算机。因此，本书称达到这一衡量标准的计算机为巨型计算机（或巨型机、超级计算机）[①]。

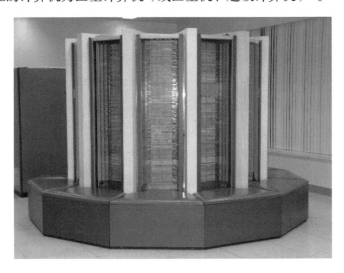

图1-1　银河-Ⅰ实物（来源：国防科技大学计算机学院）

[①] 20世纪70～90年代，国内相关学术文章和新闻报道大都采用"巨型计算机"或"巨型机"的称呼，而国外及20世纪90年代后的国内一般称为"超级计算机"，它们含义相同。本书遵照不同历史时期的习惯用法，根据行文语境分别采用巨型计算机、巨型机、超级计算机。

第一节　国际巨型计算机发展回顾

纵观全球，巨型计算机的迅猛发展是有着强大物质基础和需求动力的。总体格局为，美国的巨型计算机研制水平始终处于世界领先地位，日本、欧洲等国家和地区的巨型计算机研制则各具特色。

一、电子计算机技术发展为巨型计算机研制奠定物质基础

电子计算机是一种能够实现自动高速计算的现代化智能电子设备，可以非常快地进行数值运算、逻辑运算等，具有存储功能，能通过运行指定程序，高效、可靠地处理海量数据。

通用电子数字计算机是在第二次世界大战迫切的军事需求推动下开始研制的。当时美国做军械实验，为得到准确而及时的弹道火力表，非常需要一种高速的新型计算工具。1946年，在美国军方的大力支持下，世界上第一台可持续运行的通用电子数字计算机——电子数字积分计算机（Electronic Numerical Integrator And Computer，ENIAC）于美国费城宾夕法尼亚大学摩尔电气工程学院研制成功。发明者是以约翰·威廉·莫奇利（John William Mauchly，1907—1980）和约翰·普雷斯波·埃克特（John Presper Eckert Jr.，1919—1995）为代表人物的研制小组。在研制期间，著名科学家冯·诺依曼（John von Neumann，1903—1957）带着原子弹研制过程中的计算问题也加入了该小组。

ENIAC（见图1-2）是一台庞大的机器，它的占地面积为170m^2，重约30t，使用了18 000个真空管和1500个继电器，耗电量达150kW·h，当时造价高达近50万美元。它执行一次加法运算的时间为200μs，执行一次乘法运算的时间为2.8ms，即每秒能执行5000次加法或350余次乘法。这个速度是以继电器为元件的机电式计算机的1000倍，是人力手工计算的20万倍。它还能计算平方、立方、正弦和余弦等三角函数的值，以及进行其他更复杂的运算。ENIAC问世后立即被美国投入军事应用，原来需要20多分钟才能计算出来的一条弹道，ENIAC只要30s，这极大地缓解了当时运算速度大大落后于实际要求的矛盾。可以说，ENIAC的诞生拉开了电子计算机与信息化时代的大幕。

图1-2　全球第一台可持续运行的通用电子数字计算机ENIAC（来源：维基百科）

以ENIAC为代表，1946—1954年问世的第一代电子计算机（电子管计算机）的主要特点是：采用电子管作为基础的逻辑器件；使用汞延迟线作为存储设备，后来逐渐过渡到采用磁心存储器；输入、输出设备主要采用穿孔卡片；数据表示方式主要是定点数，用机器语言或汇编语言编写程序；内存容量只有几千字节；应用领域以军事和科学计算为主。电子管计算机的主要缺点是体积大、功耗高、可靠性差、价格昂贵、速度慢，运算速度一般为每秒数千次至几万次。

1947年12月，由美国贝尔实验室的威廉·肖克利（William Shockley，1910—1989）、约翰·巴丁（John Bardeen，1908—1991）和沃尔特·豪泽·布拉顿（Walter Houser Brattain，1902—1987）组成的研究小组成功研制出晶体管。1954年，贝尔实验室制造了世界上第一台晶体管计算机TRADIC（Transisitor Digital Computer），它没有使用电子管，而是装有800个晶体管，因此功率只有100W，体积还不足$1m^3$（见图1-3）。1960年，国际商业机器公司（IBM）推出了全部采用晶体管的商业计算机——IBM 7000系列计算机。该系列计算机作为晶体管计算机的典型代表被载入史册。1954—1964年间出现的以晶体管为基础器件的计算机被视为第二代电子计算机。

图1-3　全球第一台晶体管计算机TRADIC（来源：维基百科）

3

第二代电子计算机（晶体管计算机）的主要特点是：逻辑器件全面采用晶体管，体积缩小、能耗降低、可靠性提高，运算速度达每秒几十万次，增加了浮点运算；外存储器有了磁盘、磁带，内存容量扩大到几万字节；应用领域也从科学计算扩展到了事务处理、工程设计等方面；使用的编程语言仍然是"面向机器"的语言，却为高级语言的出现打下了良好基础。

尽管用晶体管代替电子管已经使电子计算机的面貌焕然一新，但是随着人们对计算机性能的追求越来越高，新的计算机所包含的晶体管个数也随之增加，复杂的工艺严重制约着计算机的生产效率。于是，新的器件——集成电路（Integrated Circuit, IC）应运而生。

集成电路又称"芯片"，它的发明开启了电子器件微型化的新纪元。

1958年9月，美国德州仪器公司（Texas Instruments, TI）的工程师杰克·基尔比（Jack Kilby, 1923—2005）成功地将包括锗晶体管在内的5个元器件集成在一起，基于锗材料制作了一个称为相移振荡器的简易集成电路，这是世界上第一块锗集成电路。1959年7月，美国仙童半导体（Fairchild Semiconductor）公司的罗伯特·诺顿·诺依斯（Robert Norton Noyce, 1927—1990）研究出一种利用二氧化硅屏蔽的扩散技术和PN结隔离技术，基于硅平面工艺发明了世界上第一块硅集成电路。

采用集成电路的计算机体积更小、功耗更低、速度更快。1964年，IBM研制出世界上第一台全部采用集成电路的通用电子计算机——IBM System/360（见图1-4）。1964—1971年间出现的集成电路计算机被视为第三代电子计算机。

图1-4　世界上第一台集成电路计算机IBM System/360（来源：维基百科）

第三代电子计算机（集成电路计算机）的主要特点是：硬件方面，逻辑器件采用中规模集成（Middle-Scale Integration，MSI）电路或小规模集成（Small-Scale Integration，SSI）电路，运算速度提高到了每秒几十万至几百万次，主存储器仍采用磁心存储器；软件方面，编程语言开始"面向人类"，出现了分时操作系统以及结构化、规模化的程序设计方法。此外，第三代电子计算机的系统可靠性显著提高，价格进一步下降，产品走向了通用化、系列化和标准化等，开始逐步进入文字处理和图形图像处理等领域。

20世纪70年代以后，计算机用集成电路的集成度迅速从中小规模发展到大规模、超大规模水平。以大规模、超大规模集成电路作为基本器件的计算机一般被视为第四代电子计算机，以微处理器（Microprocessor）的使用为重要标志。

微处理器是一种可编程的特殊集成电路，它的所有组件被小型化到一块或数块集成电路内，可在其一端或多端接收、执行编码指令并输出描述其状态的信号，这些指令能在内部传输或存储起来。从物理性来说，微处理器就是一块集成了数量庞大的微型晶体管与其他电子组件的半导体集成电路，一般被用作微型计算机的主要部件——中央处理器（Central Processing Unit，CPU）。

1971年，英特尔公司的工程师泰德·霍夫（Tod Hoff，1937—　）研制出世界上第一块4位微处理器Intel 4004（第一个"4"代表此芯片是客户所订购产品的编号，第二个"4"代表此芯片是英特尔公司制作的第4款订制芯片），它包含2300个晶体管，标志着第一代微处理器的问世。同年，英特尔公司研制出第一台采用微处理器4040的计算机MCS-4，标志着微处理器计算机时代的开始。

集成电路（特别是微处理器）的发展以集成度高、体积小、功耗低和可靠性好等特点，为设计与制造结构更复杂、处理能力更强的计算机系统打下了硬件基础。同时，计算机软件也取得了很大进步，操作系统功能不断增强和完善，各种高级语言及其编译器得到广泛使用，各种算法逐步成熟。这些都为开发及应用性能更好、速度更快、功能更强的巨型计算机系统提供了技术支持。

二、大科学、大工程计算为巨型计算机研制提供需求动力

如果说电子计算机技术的发展为巨型计算机的出现奠定了物质基础，那么来自

大科学、大工程的需求则为其发展提供了现实动力。

电子计算机自诞生后发展迅猛,陆续出现了小、中、大型计算机,在世界各国的工业、科技、院校、政府、军队等领域和部门得到了普遍应用,极大地推动了生产力的发展。但随着科技的进步,计算量大、复杂度高、精度高的大规模科学计算或大型工程设计问题越来越多,一般的大型计算机无法满足需求,因此需要研制运算及I/O速度更快、存储容量更大的巨型计算机系统。

第一个例子:核武器设计是现代科学技术领域中最困难的研究之一,核爆炸过程极其复杂,爆炸后的实际环境(例如爆炸对大气的影响及其危害)靠常规的核试验手段难以测量,因此需要利用高性能的计算机来进行研究,否则核武器的设计是难以取得进展的。

美国洛斯·阿拉莫斯国家实验室(Los Alamos National Laboratory)是美国核武器设计的研究中心之一。从第二次世界大战开始,尤其是执行从事原子弹研究的曼哈顿计划以来,该实验室一直利用计算机进行核武器的设计和研究,始终拥有美国各个时期最新的、功能最强的巨型计算机。

研制核武器为什么如此依赖巨型计算机呢?主要原因有以下3点。

第一,核武器必须满足高性能指标,包括近乎百分之百的安全性和可靠性。

第二,核武器是一种特殊的复杂装置,它在一定的温度和压力条件下,在极短的时间内爆炸。该过程不可能在实验室里模拟,只有通过核试验才能实现。

第三,在核试验中难以取得充分的试验数据,这不仅有政治和经济方面的限制,还有测量核爆炸的仪器和技术问题。一般采用间接测量的方法,才能得到核试验的数据,即使这样也需要大量的计算。

因此,在核武器研究和设计中,使用巨型计算机进行核爆炸过程模拟,分析物理现象,进行设计方案的比较及大量的"核爆炸试验",大大改善了研制尖端武器的试验条件。

由于核武器的复杂性,核武器设计对计算机性能的要求极高。过去,受计算机性能限制,人们在对核爆炸的物理过程进行模拟时,做了许多近似处理(变成一维的问题),这会使设计精度受到影响,需要通过实际的核爆炸试验来验证设计效果。提高核武器设计水平,对各方面提出了新的要求:要求模型的性能较好,即物理细节更精确和更全面;要求模型具有多维性(不是一维问题,而是二维或三维问题);要求空间鉴别度更高,即网格分得更细;要求时间鉴别度更高,即时间步长更小。这样就大大增加了计算量，因此性能更好的计算机成为研究的迫切需求。

第二个例子：航空、航天飞行器的设计都涉及空气动力学问题。基本的空气动力学问题可用一组微分方程来描述，计算非常复杂，至今尚不能精确计算。过去的研究总是忽略一些次要因素，通过进行近似计算来获得初步数据，而实际数据还得靠风洞实验来取得。因此，风洞实验一直是航空、航天飞行器设计的重要手段。但是，随着航空和宇航技术的发展，飞机性能不断提高，结构复杂性不断增加，风洞实验的时间越来越长，要求也越来越高。以美国部分飞行器为例，实验情况如表1-1所示。

表1-1　美国部分飞行器风洞实验表

飞行器	年代	风洞实验时间（小时）
B-17轰炸机	20世纪30年代	100
B-52轰炸机	20世纪50年代	7000
B-1轰炸机	20世纪70年代	40 000
航天飞机	20世纪80年代	60 000

更重要的是，随着飞行高度和速度的增加，飞行器风洞实验的局限性越来越突出。例如，风洞存在着马赫数（Ma）、雷诺数（Re）、温度、压力和气体成分的限制，还有洞壁干扰、支杆效应和气动弹性挠曲等的影响，这些都给风洞实验带来了困难。此外，风洞的造价高，运行费用也很高，如美国早期航天飞机的设计，仅风洞实验一项就花费了6000万美元。

计算机的飞跃式发展为空气动力学的研究方法开辟了新的途径，产生了计算空气动力学，主要作用如下。

第一，计算机可以足够精确地求解空气动力学微分方程组，不但大大减轻了风洞实验的负担，并且可以比风洞更真实地模拟流动流场，克服风洞实验的局限性，提高飞行器设计的质量。

第二，计算模拟可缩短新航空、航天飞行器的设计时间，节约研制费用。

因此，只有有了速度更快的巨型计算机，才能比较准确地计算空气动力学问题，从而设计出更复杂的新型航空、航天飞行器。

第三个例子：卫星照片的图像处理也需要巨型计算机。据报道，美国第一颗地球资源卫星所取得的照片，用当时的普通计算机处理，要几年才能处理完，这在战

7

时从时间上来说是根本不允许的。如果用亿次级巨型计算机处理图像，一张照片的粗糙处理需100s，精细处理则需3天到1个月，而一次航天侦察会送回几百张需处理的照片，因此要求计算机每秒能执行1亿次至100亿次运算。

第二次世界大战后，科学研究领域开始出现现代综合思潮。1962年，美国科学家、耶鲁大学科学史与医学史系主任德里克·普赖斯（Derek John de Solla Price，1922—1983）首次提出了"大科学"的概念。它有3个基本特征：是科技、经济与社会高度协同的科学；是各种学科渗透、综合和汇流的科学；是一个既统一又开放的复杂大系统。

世界历史上著名的"大科学"项目有20世纪40年代美国陆军部实施的"曼哈顿"计划（原子弹研制工程）、20世纪60年代苏联组织的载人航天工程、20世纪60年代美国国家航空航天局组织的"阿波罗"登月工程等。这些工程和计划由大量科技人员参加，投入了大量科研经费，规模浩大，历时漫长。例如，美国的"阿波罗"登月工程前后花了10年时间，参与的大企业达2万多家，大学和科研机构达120多个，参研人员多达40万人，耗资240亿美元。"大科学"工程对计算机提出了更高的要求，那就是数据量大、运算量大、运算速度快、运算精确度高及实时性强等，这成为巨型计算机研制的强大驱动力。

在需求牵引和技术推动的作用下，巨型计算机系统应运而生。它从诞生之日起就用于高科技领域和尖端技术研究，是一个国家科技发展水平和综合国力的重要标志，对国家安全、经济和社会发展具有举足轻重作用。

三、美国的巨型计算机研制水平始终处于世界领先地位

从世界范围来看，巨型计算机的研究和制造起步于美国。美国的几个主要计算机公司——IBM、通用自动计算机公司（UNIVAC）和控制数据公司（CDC）等都参加了巨型计算机早期系统的研究与开发。

20世纪50年代中期，作为美国核武器设计研究中心之一的劳伦斯利弗莫尔国家实验室（Lawrence Livermore National Laboratory, LLNL）公开招标设计研发高性能十进制计算机，UNIVAC在与IBM的激烈竞争中胜出，赢得了"利弗莫尔原子研究计算机LARC"合同。29个月后，UNIVAC交付了机器，该机器在美国第一代热核武器研制中发挥了重要作用。随后，美国原子能委员会的洛斯·阿拉莫斯科

学实验室急需一台比LARC计算机性能还要高出2个数量级的"超级电脑"。IBM此次中标，并于1956年开始研制IBM Stretch（IBM7030）计算机。这台名为"扩展"的晶体管计算机是IBM当时的主要产品，它采用了许多先进技术，包括指令流水线技术、指令预译码、先行控制、存储器操作数预取、乱序执行、基于转移预测的推测执行、转移预测错误恢复和精确中断等，其中有些技术的标准甚至沿用到了今天。1960年5月，Stretch计算机研制成功，但它并没有达到原先承诺的性能指标，速度只达到预期的50%～60%，售价被迫下降约40%（每台800万美元）。尽管Stretch计算机成为当时世界上运行速度最快的计算机，然而性能未及预期，这导致IBM于1961年5月停止了该机型的进一步生产。虽然Stretch计算机只生产了7台，IBM为此还亏损了2000多万美元，在商业上失败了，但这无法阻止人们研制巨型计算机的热情。

　　1960年，刚成立了3年的CDC接受美国原子能委员会的委托，开始研制性能更强的计算机。当时，该公司的计算机总设计师西摩·克雷（Seymour Cray，1925—1996）还是30多岁的青年人，他带领团队于1964年8月推出了著名的CDC 6600计算机。CDC 6600是当时世界上最强的大型科学计算机，浮点运算速度达1MFLOPS[1]，超过IBM的Stretch计算机约3倍，从1964年到1969年一直保持世界最快运算速度的纪录，直到CDC 7600计算机面世。CDC 6600和CDC 7600先后被美国军方用于研制小型高精战略核武器和设计"斯巴达"反弹道导弹。

　　20世纪70年代，IBM、CDC等计算机公司提供的一些大型科学计算机已经开始无法满足政府和军方不断增长的需求。1972年，由美国国防部高级研究计划局（Defense Advanced Research Projects Agency，DARPA）批准、伊利诺伊大学负责研究设计、宝来（Burroughs）公司承包制造的ILLIAC-Ⅳ计算机问世，这台机器在专门的应用领域运算速度最高能够达到1.5亿次/秒。1972—1973年，TI和CDC也先后推出在某些领域中运算速度最高可达1亿次/秒以上的计算机TI-ASC和STAR-100。ILLIAC-Ⅳ、TI-ASC和STAR-100等的最高速度虽然可以达到每秒亿次级别，但极不稳定，不能够持续实现，因而它们可以算作巨型计算机的早期系统。

　　第一个制造出符合巨型计算机定义机器的人还是克雷。1972年，克雷离开

---

[1] FLOPS（Floating-point Operations Per Second）是计算机系统运算速度的一种度量单位，即平均每秒可完成的浮点操作次数。它是衡量计算机系统性能的重要指标。其中，1MFLOPS（MegaFLOPS）表示每秒100万次浮点运算，1GFLOPS（GigaFLOPS）表示每秒10亿次浮点运算，1TFLOPS（TeraFLOPS）表示每秒1万亿次浮点运算，1PFLOPS（PetaFLOPS）表示每秒1000万亿次浮点运算，1EFLOPS（ExaFLOPS）表示每秒100亿亿次浮点运算。

CDC，创立了一家自己的公司——Cray研究公司（Cray Research Inc，简称Cray公司）。他进一步继承结构简洁、性能高效的设计思想，发展了CDC 6600和CDC 7600的特点，采用一系列新技术，开始研制一台以向量计算为主的巨型计算机。1975年，克雷研制的Cray-1巨型计算机问世（见图1-5），该计算机实现了当时惊人的超高性能——持续向量运算速度达到1亿次/秒以上，并且峰值向量运算速度可达2.4亿次/秒。Cray-1在美国洛斯·阿拉莫斯国家实验室进行了长时间的严格测试，于1976年正式推出，它对全球计算机界和科学界产生了巨大影响，成为巨型计算机的代表作。

图1-5　克雷与他的Cray-1巨型计算机（来源：Cray公司官网）

Cray-1采用了一系列创新的技术，如射极耦合逻辑（Emitter-Coupled Logic，ECL）高速集成电路、向量数据类型和向量计算、高密度组装技术和高效冷却技术等，性能显著优于ILLIAC-Ⅳ、TI-ASC、STAR-100等系统，不仅受到计算机界和巨型计算机用户的高度赞扬与欢迎，还赢得了科学计算和超大规模数据处理的市场。Cray-1的体系结构的简洁性和新颖性实际上成为向量巨型计算机的标准模式，后来许多国家研制和生产的向量巨型计算机都以Cray-1为范本。因Cray-1取得的巨大成功，研制者克雷获得了很高的声誉，美国国防部官员称他为"美国民族的智多星"。Cray-1被美国军队科研部门用于研制增强安全性能的战略核弹头。

20世纪80年代，美国相继研制成功性能更高的CYBER-205（1981年）、S-1（1984年）、Cray-2（1985年）、NASF（1986年）、Cray-3（1989年）等巨型计算机。从此以后，巨型计算机成为高科技的新宠儿，在天气预报、生命科学、地球资源勘探、航空航天等高科技领域大展身手，超级计算开始成为除理论、试验之外第三种科学活动的主要方式。

1993年，德国曼海姆大学的汉斯·摩尔（Hans Meuer，1936—2014）和美国田纳西大学的杰克·唐加拉（Jack J. Dongarra，1950— ）等人共同发起了世界超级计算机TOP500排行榜。该排行榜由德国曼海姆大学、美国田纳西大学、美国国家能源研究科学计算中心及劳伦斯伯克利国家实验室联合举办，目前已成为世界权威的超级计算机排行榜，是衡量各国超级计算水平的重要参考依据（见表1-2）。

表1-2　1993年以来世界超级计算机TOP500排行榜中排名第一的超级计算机一览表

名称	研制单位	所属国家	位居排行榜首位的时间
CM-5	TMC	美国	1993年6月—1993年11月
数值风洞	富士通	日本	1993年11月—1994年6月
Paragon XP/S140	英特尔	美国	1994年6月—1994年11月
数值风洞2	富士通	日本	1994年11月—1996年6月
SR2201	日立	日本	1996年6月—1996年11月
CP-PACS	日立	日本	1996年11月—1997年6月
ASCI Red	英特尔	美国	1997年6月—2000年11月
ASCI White	IBM	美国	2000年11月—2002年6月
地球模拟器	日本电气	日本	2002年6月—2004年11月
蓝色基因/L	IBM	美国	2004年11月—2008年6月
走鹃	IBM	美国	2008年6月—2009年11月
美洲虎	Cray	美国	2009年11月—2010年11月
天河一号A	国防科学技术大学	中国	2010年11月—2011年6月
京	富士通	日本	2011年6月—2012年6月
红衫	IBM	美国	2012年6月—2012年11月
泰坦	Cray	美国	2012年11月—2013年6月
天河二号	国防科学技术大学	中国	2013年6月—2016年6月
神威·太湖之光	国家并行计算机工程技术研究中心	中国	2016年6月—2018年6月
顶点	IBM	美国	2018年6月—2020年6月
富岳（Fugaku）	富士通	日本	2020年6月—2022年6月
前沿（Frontier）	Cray	美国	2022年6月至今

在启动TOP500项目时，创始者们提出了3个指导原则。第一，对全球范围内最强大的500台计算机进行排名。第二，用R_{max}（最高的LINPACK性能[①]）做Benchmark（基准测试），即首先测量机器求解稠密线性方程组$Ax=b$的时间，然后把它换算为运算速度。当增大线性方程组的规模时，运算速度会上升，直到达到稳定点。这个稳定点的速度被作为该排行榜评测的依据。第三，该排行榜每年更新两次，6月在德国的国际超级计算大会（International Supercomputing Conference，ISC）发布，11月在美国的超级计算大会（Supercomputing Conference，SC）发布，且所有的评测数据都在TOP500网站上进行公示，以供全球公众查阅。

美国的超级计算机研制水平和产业一直处于世界前列，绝大多数时间里占据着TOP500排行榜第一名的位置。几十年来，美国开发了大多数用于超级计算机的前沿技术，并在其许多研究实验室和大学制造了一批世界上规模最大、速度最快的超级计算机，其中顶尖的超级计算机用于模拟核试验，其他则主要用于天气预报、能源勘探等领域的研究。

2022年5月30日，在德国汉堡举行的ISC2022公布了第59届世界超级计算机TOP500排行榜，位于美国橡树岭国家实验室（Oak Ridge National Laboratory，ORNL）的"前沿"新型超级计算机以1.102EFLOPS的峰值性能成为全球最快超级计算机，它也是全球第一台实际突破Exascale大关、真正达到百亿亿次级的超级计算机，标志着一个新的超级计算机时代——E级超算时代的到来。

四、其他国家研制巨型计算机的情况

除了美国之外，国际上研制巨型计算机的主要国家还有日本、苏联、英国、法国等。其中，日本在研发巨型计算机方面，也属于起步较早的国家之一。

1956年，日本首台电子管计算机FUJIC研制成功，次年开始商业化生产。1957年，日本政府制定《电子工业振兴临时措施法》，大规模引进国外技术，使日本计算机工业从20世纪60年代开始进入了快速发展时期。日本气象厅、国铁公社、三井银行等先后引进了大型计算机系统。1966—1971年，日本政府又执行了"超高性

[①] LINPACK 基准程序是 1979 年由美国田纳西大学杰克·唐加拉教授开发的一组求解稠密线性方程组的程序包，用以衡量计算机系统的数值计算能力，基本单位是 FLOPS。世界超级计算机 TOP500 排行榜就是采用该基准程序进行评测和排序。

能电子计算机大型计划"。1969年，日本第一台国产大型计算机投入使用，标志日本计算机技术进入世界领先的行列。日本这一系列的振兴立法，体现了该国政府对计算机技术的重视程度和统筹指导能力。在资本主义世界中，政府在发展信息产业过程中所起作用之大，当时的日本是首屈一指的。

1979年，日本制造出每秒运算1000万次的M-200H计算机，速度为当时美国IBM最新大型计算机IBM 3033的1.7倍。1982年7月，富士通公司推出了日本第一台运算速度在1亿次/秒以上的巨型计算机系统FACOM-VP100/200，该系统借鉴了美国Cray-1的设计思想并加强了某些功能，充分发挥了向量处理的特点。1983年，日立公司宣称研制成功运算速度分别为3.15亿次/秒和6.3亿次/秒的巨型计算机S-810/10和S-810/20。

20世纪80年代的日本紧跟美国，在发展巨型计算机技术方面走在了其他国家的前面，拥有的巨型计算机数量最多，应用范围最广，市场竞争也最激烈。美国Cray公司是有着举足轻重影响的老牌巨型计算机厂商，占据着当时世界巨型计算机市场份额的60% ~ 70%，它在全球的主要竞争对手就是日本的富士通、日立和NEC这三家公司。

自20世纪90年代起，日本政府和科技界意识到超级计算机研发是提高其国际竞争力的重要一环，不断推出和更新超级计算机的研发计划。1999年，日本投入400亿日元（约为人民币25亿元），研制名为"地球模拟器"的超级计算机，旨在通过在计算机内置"虚拟地球"，来预测及解析全球大气、地壳（包含地震）等的变化与活动。2002年，"地球模拟器"超级计算机成功推出，日本凭此将当时一直在TOP500排行榜领先的美国挤下了榜首位置。此后，由于预算资金削减，日本超级计算机的研发政策发生了转向，从政府主导型开始向产学一体化、为民生提供更多贡献的方向发展。

不过，2011年6月，由日本富士通公司研发、日本理化学研究所组装，并接受日本政府资助的超级计算机"京"以每秒8162万亿次运算实现了当时全球最快的运算速度，这是时隔7年后日本超级计算机重返世界首位。"京"的设计师大介博库直言不讳地说："今天的超级计算机研制不仅仅是某一家公司的事了，在日本，这是国家工程。"2020年6月，日本富士通公司研制的超级计算机"富岳"又一次夺下TOP500榜首，直到2022年6月才被美国的超级计算机"前沿"超越。

此外，苏联、英国、法国等都在20世纪70年代竞相开始发展巨型计算机系统，可以说，那个时期出现了"巨型计算机在世界范围内起飞"的景象。

1978年，苏联科学院精密机械和计算技术研究所试制成功埃尔布鲁斯-1（Elbrus-1）巨型计算机，它是可由1～10台处理机组成的多机系统，理想状态下最高运算速度为1亿次/秒。1980年，苏联又研制成功埃尔布鲁斯-2（Elbrus-2）巨型计算机，向量运算速度最高达到1.25亿次/秒。从军事科学的角度看，埃尔布鲁斯系列巨型计算机最让人感兴趣的大概还是它的向量处理，这类苏联计算机与美国的Cray-1比较相像，但其性能明显低于Cray-1。

1978年，英国最大的计算机公司——国际计算机有限公司（International Computers Limited, ICL）研制出巨型计算机分布式阵列处理机（Distributed Array Processor, DAP）专用系统，每秒最多可得到1亿个64位的浮点计算结果。

1983年，法国布尔公司研制成功每秒可进行1亿次浮点运算的ISIS巨型计算机。

进入21世纪以后，欧盟采取多国联合的科技战略共同研制新一代超级计算机。2017年，欧盟委员会发起一项由多个欧盟成员国参与的欧盟高性能计算（European High Performance Computing, EuroHPC）共同计划，旨在建立一个由世界级高性能计算和数据基础设施支撑的欧盟高性能计算及大数据系统。该计划包括：在欧盟范围内购买并运行世界级的高性能计算设备，制定研究和创新方案以支持欧盟超级计算机的发展，就在欧盟范围内建立一个一体化的百亿亿次（E级）超级计算基础设施达成一致。得益于EuroHPC共同计划的提前布局和不断推进，2022年6月的TOP500榜单上，部署在芬兰国家超算中心的LUMI超级计算机凭借151.9 PFLOPS的实测性能登上季军位置。截至本书成稿之日，LUMI仍是全欧洲最强大的超算系统。

第二节　中国巨型计算机发展情况

一、中国电子计算机技术在艰辛中起步

1949年，美、英、苏等国已经成功研制了十多种型号的电子管计算机，但由于西方国家的技术封锁政策，我国的科技信息很闭塞，除个别刚从国外回来的科技人员之外，大家很少知道和懂得新兴的电子计算机技术。

我国的电子计算机研究工作是从20世纪50年代开始的。

中国科学院成立后，著名数学家华罗庚担任数学研究所所长，在他的大力支持下，1953年1月3日，我国第一个计算机研究小组成立：组长是闵乃大，组员是夏培肃、王传英。同年3月，闵乃大执笔撰写出了我国第一份《电子计算机研究的设想和规划》。

1954年11月8日，中国科学院近代物理研究所副研究员吴几康在《光明日报》上发表了题为《漫谈计算机》的文章，介绍了当时在北京展出的几台苏联计算机的情况。1955年11月14日，《人民日报》发表了中国科学院数学研究所闵乃大所写的题为《一个新的科学部门——自动快速电子计算机》的文章，文中系统地介绍了这种新颖的计算机器。同年12月1日，新华社报道了有关苏联已研制成功每秒可进行8000次运算的电子计算机的有关消息。这些报刊文章开始吸引国人对电子计算机的关注与兴趣。

1956年1月14日—20日，中共中央在北京召开关于知识分子问题的会议。周恩来总理做了大会报告，强调科学是关系国防、经济和文化等的决定性因素，要求国家计划委员会统筹协调有关单位，联合制定新中国第一个关于科学技术的远景规划——《1956—1967年科学技术发展远景规划》（简称《十二年科技规划》）。同年1月31日，国务院成立了科学远景规划小组，周恩来亲自领导并主持这项工作。3月14日，规划小组进行了改组，成立了国务院科学规划委员会，下设多个学科（专业）规划组。其中，计算技术和数学规划组由电子工业部门专家、计算机专家、数学家组成，华罗庚任组长，有委员26人，共同为国家计算机技术发展制定长远规划。同时，国务院科学规划委员会综合组重要成员、著名科学家钱学森在制定《十二年科技规划》期间大力宣传、讲解和论证建立计算机事业的必要性，并在将"计算机、无线电电子学、半导体、自动化"列入国家发展规划的四项"紧急措施"方案过程中发挥了举足轻重的作用。

1956年8月21日，《1956—1967年科学技术发展远景规划纲要（修正草案）》及"紧急措施"等4个附件出台，涵盖了57项重要科学技术任务。其中，第41项是"计算技术的建立"，以电子计算机的设计制造与运用为主要内容，引起了国内科学界、教育界、工业界和国防、军事部门等的高度关注。

实践证明，《十二年科技规划》和"紧急措施"对我国政府集中力量发展现代科学技术事业起到了指南作用，建立和发展了计算技术等大批新兴学科门类，填补了国内空白，缩小了与世界先进科技水平的差距，为我国工业化建设提供了科技支撑。因此，1956年国家《十二年科技规划》和四项"紧急措施"的出台被认为我国计算机事业的起点。

1956年8月25日，中国科学院计算技术研究所（简称中国科学院计算所）筹备委员会（简称筹委会）成立，由华罗庚任主任委员。筹委会联合了中国人民解放军总参谋部第三部（简称总参三部）、第二机械工业部（简称二机部）、清华大学等单位组成精干力量，共同筹建计算技术研究所。1959年5月17日，经中国科学院院务常务会议通过，中国科学院计算所正式成立，闫沛霖为首任所长。该所是我国第一家研究计算机技术的国家级科研机构，也是我国计算技术研究机构的"摇篮"。

1957年开始，全国一些地方和部门，纷纷着手筹建自己的计算技术研究所，主要有：华北计算技术研究所（北京，1959年，简称华北计算所或十五所）、华东计算技术研究所（上海，1958年，简称华东计算所或三十二所）、中南计算技术研究所（武汉，1957年）、西北计算技术研究所（西安，1958年）、辽宁计算技术研究所（沈阳，1958年）等。按照"先集中，后分散"的方针原则，"东、南、西、北、中"各地计算技术研究所的科研工作和科技人员的培养均由中国科学院计算所负责。第一机械工业部（简称一机部）、二机部、石油工业部、水利电力部等国家部委陆续成立主管计算机研究、生产和应用的有关机构。

为培养新中国的计算机人才，国家一方面于1956年组织计算技术考察团访问苏联，向苏方学习建立和发展计算技术事业的经验；另一方面在1956—1962年举办了4届计算机训练班，共培养700余人，在较短的时间里为国家计算技术的研究、教育和产品试制输送了一批急需人才。1957—1959年间，清华大学、中国人民解放军军事工程学院（简称军事工程学院）、北京大学和中国科技大学等一批高等院校先后开设了电子计算机专业或计算数学专业，为仿制苏联计算机和掌握苏联计算机技术及时提供人才支持，这为我国计算机事业的发展奠定了人才基础。

1958年8月1日，我国第一台小型通用电子管计算机——103型计算机（当时称为八一机，简称103机）在中国科学院计算所（筹）研制成功（见图1-6）。它基本上是仿照当时苏联的M-3型计算机研制的，初始运算速度为30次/秒，后来改进为1800次/秒，定型生产以后称为DJS-1电子计算机。同年9月，军事工程学院慈云桂主持的我国第一台军用电子数字计算机331型计算机（又称901机）研制成功。

图1-6　我国第一台小型通用电子管计算机——103机（来源：中国科学院计算所）

1959年9月，在苏联专家指导帮助下，中国科学院计算所以苏式БЭСМ-Ⅱ型计算机为蓝图，仿制成功了我国第一台大型通用电子数字计算机——104型计算机（简称104机），运算速度达1万次/秒，定型后称为DJS-2电子计算机。此后不久，中苏关系恶化，苏联突然撤走专家，停止一切对华援助；同时，西方国家一直对中国实施全面禁运和技术封锁政策。在艰辛形势逼迫下，我国计算机事业从此走上自力更生、自主设计的道路。

20世纪50年代末至60年代初，我国自行研究、设计、制造成功了一批电子管计算机。例如：中国科学院计算所的107型、119型计算机，军事工程学院的901机，华东计算所的J-501型计算机，华北计算所的113型、102型计算机，清华大学的911型计算机，北京大学的红旗计算机等，均以电子管为核心器件（见表1-3）。

表1-3　我国第一代电子管计算机主要型号及基本信息（包括早期的仿制机）

机器型号	研制成功时间	机器当时规模	运算速度	研制单位
103	1958年	小型	1800次/秒	中国科学院计算所
331（901）	1958年	小型	2000次/秒	军事工程学院
104	1959年	大型	1万次/秒	中国科学院计算所
J050	1960年	大型	2.5万次/秒	总参谋部第五十六研究所（简称总参五十六所）
107	1960年	小型	250次/秒	中国科学院计算所
红旗	1960年	小型	1万次/秒	北京大学
J070	1961年	中型	5万次/秒	总参五十六所
113	1962年	中型	1500次/秒	华北计算所

续表

机器型号	研制成功时间	机器当时规模	运算速度	研制单位
102	1962年	大型	2.5万次/秒	华北计算所
J-501	1964年	大型	5万次/秒	华东计算所
911	1964年	中型	1万次/秒	清华大学
119	1964年	大型	5万次/秒	中国科学院计算所
J080	1965年	大型	5万次/秒	总参五十六所

注：表中"机器当时规模"在不同时代的定义标准不同，具体规模分类以当时历史说法为准。

我国第二代晶体管计算机的首款产品，是1965年1月军事工程学院研制成功的441B小型晶体管通用电子数字计算机（简称441B机）。1965年6月，中国科学院计算所研制成功的109乙型计算机，是我国第一台大型晶体管计算机，字长为32位，运算速度为6万～9万次/秒。至20世纪70年代初，我国还成功研制了一些其他型号的晶体管计算机，主要有哈尔滨工程学院（原军事工程学院）研制的441B、441C、441D系列计算机，华东计算所和上海计算机厂合作制造的X-2型计算机，华北计算所和北京有线电厂合作制造的121、320、108乙型计算机等。我国第二代晶体管计算机的主要型号及基本信息见表1-4。

表1-4　我国第二代晶体管计算机主要型号及基本信息

型号	研制成功时间	机器当时规模	运算速度	研制单位
441B	1965年	小型	1.2万次/秒	军事工程学院
109乙	1965年	大型	6万～9万次/秒	中国科学院计算所、109半导体厂
121	1965年	中型	3万次/秒	华北计算所、北京有线电厂
X-2	1965年	中型	3.3万次/秒	华东计算所、上海计算机厂
S-3	1966年	小型	0.7万次/秒	中国航天科工集团第二研究院七〇六所（简称七〇六所）
HY-Z	1966年	小型	0.73万次/秒	七〇六所
108乙	1967年	中型	4万次/秒	华北计算所、北京有线电厂
108丙	1967年	中型	5万次/秒	华北计算所、北京有线电厂
441C	1967年	中型	7万次/秒	哈尔滨工程学院（原军事工程学院）
109丙	1967年	大型	11.5万次/秒	中国科学院计算所、109半导体厂
441D	1967年	小型	2万次/秒	哈尔滨工程学院（原军事工程学院）
T100	1967年	大型	16万次/秒	总参五十六所
717	1968年	中型	5万次/秒	中国科学院计算所
320	1971年	大型	50万次/秒	华北计算所、北京有线电厂

在以美国IBM System/360为代表的第三代集成电路计算机研制成功后，我国于1965年开始组织力量，紧锣密鼓地研制集成电路计算机。但是，后来"文化大革命"严重干扰了我国计算机事业的发展，中国科学院计算所的111型计算机和华北计算所的112型计算机在1971年才基本试制成功；而我国自行设计、最早投入实际运行的第三代百万次大型集成电路计算机——150型计算机，直到1973年7月才交付石油工业部使用。20世纪70年代，有代表性的我国第三代集成电路计算机还有以清华大学为主研制的DJS-130型计算机、长沙工学院（原哈尔滨工程学院[①]）的151型计算机等（见表1-5）。

表1-5　我国第三代集成电路计算机的主要型号及基本信息

型号	研制成功时间	机器当时规模	运算速度	研制单位
111	1971年	中型	18万次/秒	中国科学院计算所
112	1971年	中型	26万次/秒	华北计算所
150	1973年	大型	100万次/秒	北京大学、北京有线电厂等
655	1973年	大型	82万次/秒	华东计算所、上海计算机厂
DJS-130	1974年	小型	50万次/秒	清华大学等9家单位
DJS-220	1975年	中型	15万次/秒	华北计算所
151	1976年	大型	130万次/秒	长沙工学院（原哈尔滨工程学院）
905乙	1976年	大型	200万次/秒	总参五十六所
DJS-260	1979年	大型	100万次/秒	华北计算所牵头的联合设计组
905甲	1979年	大型	350万次/秒	华东计算所
DJS-240	1979年	中型	50万次/秒	华北计算所
DJS-260	1979年	大型	100万次/秒	华北计算所
DJS-186	1982年	小型	100万次/秒	华北计算所
911	1983年	中型	50万次/秒	中国船舶集团第七〇九研究所（简称七〇九所）
757	1983年	大型	1000万次/秒	中国科学院计算所

我国虽然是电子计算机领域的迟到者，但所幸追赶速度并不算太慢。从第一代电子管计算机迈向第二代晶体管计算机，美国用了9年，我国用了7年；继而进入第三代集成电路计算机时代，美国用了11年，我国则只用了7年时间。这样的大步跨越式发展不仅来自追赶的紧迫感，还与早期向苏联"取经"分不开。在计算机技术发展的带动下，我国建立了早期的半导体工业，积累了人才和知识，为巨型计算机的诞生打下了良好的基础。

[①] 1966年，军事工程学院改名为哈尔滨工程学院；1970年，哈尔滨工程学院南迁长沙，更名为长沙工学院。

二、中国巨型计算机研制：从零的突破到世界第一

20世纪60年代，我国依靠自己的力量研制成功"两弹一星"，大大提升了国防实力和国际地位。但是，当时我国的尖端科技遇到了明显的发展瓶颈，有些重要理论研究和模拟实验，尤其是我国战略核武器的发展、核动力装置的研究、航空航天飞行器的设计、军事情报分析和卫星图片判读等，需要解决大量的计算问题才有可能取得新的突破，因此迫切需要运算速度极高的巨型计算机；中长期数值气象预报、油藏工程与能源开发、大型图形图像处理、生物遗传工程等也都需要巨型计算机的参与。

1978年3月，全国科学大会在北京召开。邓小平同志高瞻远瞩地指出："中国要搞四个现代化，不能没有巨型机。"时任中央军委副主席的邓小平亲自点将，把巨型计算机研制任务交给了国防科学技术大学。担任总设计师的慈云桂教授带领科研团队历经五年多的日夜奋战，终于在1983年12月研制成功我国第一台巨型计算机——银河-Ⅰ，打破了国际高技术封锁，使我国成为世界上少数几个能够自主研制巨型计算机的国家之一。

面对国际巨型计算机的飞速发展，我国如不奋起直追就会落伍，就会与世界领先的巨型计算机研制水平拉大差距。银河-Ⅰ研制成功后不久，国防科学技术大学计算机研究所一方面上书中共中央，请求研制更高性能的巨型计算机；另一方面大力宣传，深入、细致地做用户工作，同心协力争取新一代银河巨型计算机的研制任务。1986年2月24日，国防科工委（1982年，国防科委与国防工业办公室、军委科委办公室合并组成国防科学技术工业委员会，简称国防科工委）向国务院呈报了《关于发展"银河"巨型计算机的建议》。中共中央明确批示，巨型计算机立足国内的方针要坚决贯彻，国家计划委员会（后改组为国家发展和改革委员会）和国务院电子振兴领导小组办公室（简称电子振兴办）在贯彻这一方针时给予大力支持。同年6月30日，国防科工委下达《关于贯彻中央领导同志批示，落实巨型机研制任务的通知》，把每秒能够运算10亿次的巨型计算机研制任务下达给国防科学技术大学。

运算速度从1亿次/秒到10亿次/秒是一个巨大的跨越，而当时我国几乎不具备实现这个跨越的条件。仅拿元器件来说，国际上还没有用于科学计算的高性能64位微处理器，市场上流通的元器件只比银河-Ⅰ时期的快2.5倍。想要用只快2.5倍的元器件设计出运算速度快10倍的机器，系统设计是第一大难题。方案几经演变，以陈福接为总指挥、周兴铭为总设计师的研制团队最终放弃了银河-Ⅰ成熟的向量体系结

构技术基础，大胆提出并行体系结构，瞄准了当时世界上最先进的机型方案——四中央处理机的并行计算机。他们用4年的时间，走完发达国家10年走过的路。1992年11月18日—19日，我国第一台面向大型科学/工程计算和大规模数据处理的通用十亿次并行巨型计算机——银河-Ⅱ在长沙成功通过国家鉴定，随后它在我国气象、石油、核能、航空航天、地震处理等多个领域得到了广泛应用，发挥了重要作用。

在银河-Ⅱ诞生的同时，国防科学技术大学又开始了银河-Ⅲ的研制攻关，由总指挥卢锡城、总设计师杨学军为代表的年轻一代科研人员全面领衔担纲。银河-Ⅲ采用当时国际最新的可扩展多处理机并行体系结构，成功设计了由硬件支持的全系统共享访存机制，是银河系列中第一台实现全局共享分布存储结构的大规模并行巨型计算机。银河-Ⅲ的运算速度达到130亿次/秒，综合处理能力是银河-Ⅱ的10倍以上，而体积仅为银河-Ⅱ的1/6。它还具有很强的适配性，可根据用户不同的需求进行组装，小可组装成几亿次计算机系统，大可组装成数百亿次超高性能巨型计算机系统，高效而实用。1997年6月20日，银河-Ⅲ在北京通过了技术鉴定，很快吸引了一批国内用户，使银河-Ⅲ及后来的银河系列巨型计算机展现出良好的应用前景，我国也由此成为世界上少数几个能发布5～7天中期数值天气预报的国家之一。

2000年，我国第一台万亿次专用超级计算机系统——银河某型研制成功。根据国家重大战略任务要求，从该型号开始，此后的银河系列巨型计算机不再对外公布与宣传。

2009年10月29日，由国防科学技术大学研制、服务于国家超级计算天津中心的我国首台千万亿次超级计算机——天河一号诞生。这台计算机达到了1.206PFLOPS的峰值速度（R_{peak}）和563.1TFLOPS的LINPACK实测性能，使我国成为继美国之后世界上第二个能够研制千万亿次超级计算机的国家。

研制单位之所以为新一代超级计算机起"天河"这个名字，当时的考虑有三点：第一，在中国的传统文化中，"天河"与"银河"是同一个意思；第二，"天河"二字，寓意天津滨海新区与银河系列巨型计算机研制方国防科学技术大学的共同合作；第三，今后国防科学技术大学研制的军民融合、为民服务的超级计算机产品能够以"天河"这个新名称对外宣传，有利于继续扩大"银河-天河"计算机品牌影响力。

2010年11月，经升级后的天河一号二期系统——天河一号A的浮点运算峰值速度达到4.7PFLOPS、持续速度（R_{max}）达到2.566PFLOPS，一举超越美国橡树岭国家实验室的"美洲虎"超级计算机。天河一号A成为当时世界上最快的超级计算机，跃居世界超级计算机TOP500排行榜第一名，这是中国超级计算机首次登上世界超算之巅。

2013年6月，由国防科学技术大学研制的中国首台亿亿次超级计算机系统——天河二号，以双精度浮点运算峰值速度达54.9PFLOPS、持续速度达33.9PFLOPS的优异性能，重返世界超级计算机TOP500排行榜榜首，并创下了连续三年霸榜的"六连冠"纪录。作为国家超级计算广州中心的业务主机，天河二号应用于云计算与大数据等多个领域，并逐步在生命科学、地球物理及大型基因组组装、环境污染治理等一系列事关国计民生的大科学、大工程中大显身手，"中国超算"开始名满全球。

除了国防科学技术大学研制的银河系列巨型计算机和天河系列超级计算机之外，中国科学院计算所、国家并行计算机工程技术中心、联想集团等国内多家单位也在从事超级计算机研究，相继推出了曙光、神威、深腾等一批国产超级计算机系统。

曙光系列超级计算机是由中国科学院计算所主持研制的。1993年，该所研制成功我国第一台全对称紧耦合共享存储多处理器（Symmetric Multi-Processor, SMP）体系结构的曙光一号超级计算机，该超级计算机包含16颗Motorola 88100微处理器芯片，系统运算速度为定点运算6.4亿次/秒。曙光一号诞生后，中国科学院计算所立即成立了曙光信息产业股份有限公司，后续研制和生产了30多个型号的系列超级计算机。1995年，曙光1000超级计算机推出，它采用了大规模并行处理（Massively Parallel Processing, MPP）体系结构，包含32个基于Intel i860的节点，使用自主研发的虫孔路由Mesh网实现互连，峰值速度达到2.5GFLOPS。1996年，集群结构的曙光1000A超级计算机问世，这是曙光第一款集群结构的计算系统，此后的曙光2000、曙光3000超级计算机均采用集群结构。2004年，我国首台十万亿次超级计算机——曙光4000A研制成功，该系统以11.2TFLOPS的运算速度在世界超级计算机TOP500排行榜中位居第十名。2008年，曙光5000A超级计算机达到230TFLOPS的运算速度。2010年4月，曙光星云（曙光6000）研制成功，该系统采用Intel Xeon CPU和NVIDIA Fermi GPU处理器实现异构结构，浮点运算峰值速度为3PFLOPS，持续速度为1.27PFLOPS，在TOP500排行榜上排名第二，取得了我国曙光系列超级计算机在全球排名的最好成绩。

1996年，国家并行计算机工程技术研究中心成立，拉开了神威系列超级计算机系统研制的序幕。1999年，神威-Ⅰ超级计算机落户中国气象局，该系统峰值速度为384GFLOPS，应用情况良好。2011年，运算速度达1.1PFLOPS的神威蓝光超级计算机诞生，它首次完全采用我国自主生产的CPU芯片作为核心元器件。2016年6月，该单位研制的神威·太湖之光超级计算机在世界超级计算机TOP500排行榜登顶，成为天河一号、天河二号之后，第三台在TOP500排名第一的中国超级计算机（见图1-7）。它一举创下了峰值性能（125.436PFLOPS）、持续性能（93.015PFLOPS）、性能功耗比（6051MFLOPS/W）三个"世界第一"的纪录并获吉尼斯世界纪录认证，成为世界上首台运算速度超过10亿亿次/秒的超级计算机系统。2016年11月，神威·太湖之光蝉联了世界超级计算机TOP500排行榜第一，同时，清华大学科研团队凭借在神威·太湖之光超级计算机上运行的"全球大气非静力云分辨模拟"应用，首次获得国际超级计算应用最高奖——戈登·贝尔奖。

图1-7　神威·太湖之光超级计算机（来源：国家超级计算无锡中心）

联想集团也是我国超级计算机系统的研制力量之一。2002年，该集团公司研制成功我国首台由企业研发的万亿次超级计算机——深腾1800，以1.046TFLOPS的实测性能，排在当年11月世界超级计算机TOP500排行榜第43名，这是我国商业公司研制的超级计算机第一次进入TOP500。此后，在国家"863计划"支持下，联想在2003年研制成功浮点运算速度达5.3TFLOPS的深腾6800超级计算机，2008年又推出了我国第一台百万亿次超级计算机系统——深腾7000，标志着我国计算机企业"巨舰"开始驶入世界超级计算机研制的"深海"。我国巨型计算机（后称超级计算机）发展史简表见表1-6。

表1-6 我国巨型计算机（后称超级计算机）发展史简表

时间	型号	研制单位	浮点运算速度（峰值）	说明
1983年	银河-I	国防科学技术大学	40MFLOPS	中国首台巨型计算机
1992年	银河-II	国防科学技术大学	400MFLOPS	中国首台十亿次级巨型计算机
1993年	曙光一号	中国科学院计算所	0.64GFLOPS	
1995年	曙光1000	中国科学院计算所	2.5GFLOPS	
1996年	曙光2000	中国科学院计算所	4GFLOPS	
1997年	银河-III	国防科学技术大学	13GFLOPS	中国首台百亿次级巨型计算机
1998年	曙光2000I	中国科学院计算所	20GFLOPS	
1999年	曙光2000II	中国科学院计算所	111.7GFLOPS	中国首台千亿次级超级计算机
1999年	神威-I	国家并行计算机工程技术研究中心	384GFLOPS	
2000年	曙光3000	中国科学院计算所	403.2GFLOPS	
2000年	银河某型	国防科学技术大学	1TFLOPS	中国首台万亿次级超级计算机
2002年	深腾1800	联想集团	1.046TFLOPS	
2003年	曙光4000L	中国科学院计算所	4.2TFLOPS	
2003年	深腾6800	联想集团	5.3TFLOPS	
2004年	曙光4000A	中国科学院计算所	11.2TFLOPS	中国首台十万亿次级超级计算机
2007年	神威3000A	国家并行计算机工程技术研究中心	18TFLOPS	
2008年	深腾7000	联想集团	156TFLOPS	中国首台百万亿次级超级计算机
2008年	曙光5000A	中国科学院计算所	230TFLOPS	
2009年	天河一号	国防科学技术大学	1.206PFLOPS	中国首台千万亿次级超级计算机
2010年	曙光星云（曙光6000）	中国科学院计算所	3PFLOPS	
2010年	天河一号A	国防科学技术大学	4.7PFLOPS	2010年世界超级计算机TOP500排行榜第一名
2011年	神威蓝光	国家并行计算机工程技术研究中心	1.1PFLOPS	中国首台全部采用国产CPU的超级计算机
2013年	天河二号	国防科学技术大学	54.9PFLOPS	中国首台亿亿次超级计算机，2013—2016年世界超级计算机TOP500排行榜第一名，实现六连冠
2016年	神威·太湖之光	国家并行计算机工程技术研究中心	125.436PFLOPS	世界首台十亿亿次级超级计算机，2016—2018年世界超级计算机TOP500排行榜第一名

第二章
银河-Ⅰ的研制背景

我国为什么要研制巨型计算机？为什么由国防科学技术大学来研制我国第一台巨型计算机——银河-Ⅰ？银河-Ⅰ研制背后又有哪些鲜为人知的历史细节？这些问题的答案与国家重大战略的需求牵引、对西方技术封锁的突破需要、研制单位的长期积累和中共中央的科学决策紧密相关。

第一节　国家重大战略的需求牵引

国家重大战略需求，是国家在经济、政治、军事、文化等领域中面临的重大问题和挑战，需要通过制定战略来解决，这些战略通常是长期的、全面的、系统的，涉及国家的核心利益和长远发展。我国研制巨型计算机的主要目的就是满足国家重大战略需求。

一、中国战略武器发展的需求

新中国成立后，原子弹和氢弹的研制成为国家的重大发展战略，计算机则是其重要技术保障。

1958年，夏培肃等人翻译了苏联学术专著《研究辐射的电子学方法》，从中就可以看出计算机与核物理的关联。1960年，邓稼先担任我国核武器研究院理论部主任，选定中子物理、流体力学和高温高压下的物理性质为主攻方向，而要搞清核裂变内部的物理图像、核聚变的物理规律及有关原材料的数理特性，大容量、多位数、高速度的计算机是必不可少的。当时，美国已拥有每秒可运算100万次以上的计算机，而邓稼先等人只能靠4台国产手摇计算器，三班倒地整整算了一年，才完成了原子弹的理论设计基础。后来，由中国科学院计算所研制的104机在我国研制原子弹的紧迫时期，取代了科研人员长期使用的飞鱼牌手摇计算器和电动计算器，进行了大量的复杂科学计算，加快了研制步伐。不仅如此，原子弹的数十套高精度公差的部件图样，就是经过数千次小型元件爆轰实验和国产计算机的反复计算后绘制出的。1964年10月16日15时，我国第一颗原子弹爆炸试验成功，国产计算机在研制过程中起到了重要作用。

氢弹的研制比原子弹更加复杂，对计算机的性能需求更高。1961年10月，时任国务院副总理兼中国人民解放军国防科学技术委员会（简称国防科委）主任，主抓尖端武器研究的聂荣臻指派国防科委副主任张爱萍到核工业一线考察。在考察过程中，张爱萍发现当时大量课题还是靠手摇计算器和国产104机，即使日夜不停，演算一个项目都要一个多月，因而科研人员对配备先进计算机的要求更加强烈。由中国科学院计算所研制的119型计算机和华东计算所研制的J-501型计算机等先后被投入氢弹研制工程的应用中。1965年9月，核科学家于敏带领科研人员充分利用J-501型计算机的快速计算能力进行了大量计算和数值模拟结果的分析，经过近三个月的持续努力，他们终于找到了造成自持热核反应条件的关键。他们在J-501型计算机上实现了"1100"任务，设计出的核装置威力不小于百万吨级TNT炸药。1967年6月17日，我国第一颗氢弹爆炸试验在西北核试验基地进行，取得圆满成功。119型计算机和J-501型计算机等国产计算机在攻关氢弹研制关键技术的过程中，起到了非常重要的作用。

早在20世纪50年代初，号称世界第一核大国的美国就使用运算速度为5000IPS（每秒执行的指令数）的UNIVAC和20 000IPS的IBM-704等计算机设计高性能的热核武器了。1964年，美国利用运算速度为1MFLOPS的CDC 6600计算机研制了小型战略核弹头。20世纪60年代末，美国利用运算速度为15MFLOPS的CDC 7600大型科学计算机，设计了斯巴达反弹道导弹。1976年，Cray公司成功推出Cray-1后，美国武器研究部门专门使用它来研制增强了安全性能的精确战略核弹头。

20世纪70年代中期，我国的第二代战略武器研制工作开始紧锣密鼓地展开。当时中央专门委员会（简称中央专委）提出，我国第二代战略武器的发展方向是小型、机动、突防、安全、可靠，国防科委和二机部向第九研究设计院（简称九院）下达了研制任务。要实现这样的目标，氢弹核装置必须小型化、提高威力，成为中子弹。中子弹的助爆初级（尤其是气体助爆）涉及一系列复杂的物理过程，是在极高温、极高压下进行的，压力高达几百万个大气压，温度高达几千万摄氏度，而核爆炸的巨大能量在微秒量级的时间内释放出来，想要在一次核试验中测量出核武器内部的细致反应过程十分困难。描述核反应的数学模型是一组非定常的非线性偏微分方程，这组方程的解可以给出核爆各个细节的图像、定量数据和运动全过程。但这样的方程是没有办法求出解析解的，只能求助数值的方法，即进行大规模科学计算。此外，通过大规模科学计算对核爆过程进行数值模拟，可以推断出不同结构与不同条件下核装置的能量释放效应，从而在一定程度上实现核武器的设计与改进。这样的计算规模，一般的大型计算机根本无法胜任，只有向量运算速度达到1亿次/秒以上的巨型计算机才能解决。

由此可见，我国尖端武器的发展，特别是第二代战略武器的制造，是巨型计算机研发的首要需求动力。1978年7月，国防科委张震寰副主任在我国亿次级巨型计算机研制785工程动员大会上曾明确指出，"没有亿次巨型机，就没有第二代尖端武器，第二代尖端武器搞不出来，中子弹、多弹头、小型化就没法解决，拿不出亿次机，拿不出第二代武器，就会贻误国家大事"。

二、国防科研项目的需求

我国的一些重点国防科研项目也需要巨型计算机，如航空航天工业的发展等。

航空航天工业是具有国防性质的高科技产业，它的水平往往是国家科学技术发展的标志之一。航天飞行器设计中遇到的问题涉及自然科学的多个领域，如与空气动力学相关的问题：航天飞行器的飞行速度一般很高（$Ma>20$），这就要求其具有很高的可靠性与飞行稳定性；同时作为武器系统，它要具有实战能力，必须能有效防止被敌人发现和拦截等。

20世纪50年代，解决飞行器设计中的问题主要靠地面设备实验与飞行实验。其中，地面设备实验就是风洞实验。在发展航天事业的过程中，我国相继建造了各类风洞，它们发挥了积极作用，但弊端也很多：风洞模拟的飞行速度不能太高，马赫数一般不超过10；风洞模拟的雷诺数比实际飞行情况要低两个数量级；风洞实验本身受到洞壁等场地干扰，测量精度受到一定限制；风洞实验周期长，要先做模型再做实验，成本也高，等等。

20世纪60年代后期，美国等西方发达国家开始使用巨型计算机代替风洞进行航天飞行器设计实验。例如，美国道格拉斯飞机公司为了选择理想的三元机翼，过去利用美国国家航空航天局艾姆斯研究中心（NASA Ames Research Center）的大型风洞做实验，需要经过模型设计、加工、实验、分析、改进、再实验等过程，先后需花费两年时间；后来改用ILLIAC-Ⅳ计算机系统进行模拟实验，优化对三元机翼的选择，仅用了一周时间就得到了满意的结果。可见，巨型计算机在航天工业中的作用多么巨大。

我国的航空飞机设计，特别是新型超声速战斗机等的研制，也迫切需要有亿次级以上的巨型计算机来代替风洞实验，主要原因如下。

第一，新型超声速战斗机的研制需要求解简单的钝头物体经烧蚀后产生的新外形在大攻角条件下飞行的气动力。求解这个问题时，由于外形简单，分离现象不严重，故可以忽略黏性作用。采用时间相关法求解欧拉（Euler）方程，网格分点是$31 \times 11 \times 9$。在一个特定的外形下，即固定马赫数与攻角条件的一种计算状态下，亿次级巨型计算机计算该问题需要约1小时。而计算该问题至少需要计算多个外形、多个马赫数与攻角，即计算状态一般有几百种。所以，就是这样一个飞行器设计中的简单情况，都需要在亿次级巨型计算机上计算上百小时。

第二，有配平翼的、有机动性能的飞行器具有严重的分离流动现象，求解时需要考虑黏性作用，必须采用纳维叶-斯托克斯（Navier-Stokes）方程（简称N-S方程）求解。同样采用时间相关法，它的网格分点为$50 \times 100 \times 50$，这样的网格分点在配平翼上也只有五六个点，精度不太高，但要完成它的计算需要占用40MB内存，在亿次级巨型计算机上仅计算一组结果都要十几小时。

第三，我国新型超声速战斗机的设计要考虑三维机翼对战机性能的影响，要进行三维翼型跨声速气流的数值模拟。同样采用时间相关法求解N-S方程，它的网格分点为$120 \times 40 \times 50$，要完成它的计算需要占用160MB内存，在巨型计算机上计算出一个结果需要12小时。如果考虑翼-身组合对空气动力的影响，所需计算的外形会变得更复杂，对计算的要求又要高出很多倍。

由上述可知，以我国航空航天工业相关项目为代表的诸多国防科研项目迫切需要巨型计算机。

三、国民经济建设的需求

下面以石油勘探、地震数据处理、天气预报为例，介绍我国国民经济建设对巨型计算机的需求。

1. 石油勘探

石油是国民经济发展的命脉之一。石油勘探中有一项高精尖技术叫"油藏数值模拟"：首先根据物质守恒原理和达西定律（Darcy's Law），把复杂的物理问题抽象成数学问题，然后求该数学问题的解，以便定量研究不同岩石和不同油、气，探究在不同开采方式下，油、气、水的运动定律。油藏数值模拟的数学问题是一个偏微分方程组，该方程组大多先采用有限差分法进行离散化，再解非线性的方程组，这就需要内存容量巨大、运算速度极快的高性能计算机。

20世纪70年代，国外出现亿次级以上巨型计算机，西方各大石油公司纷纷购置。例如，第一台安装在美孚石油公司的Cray-1就被用于油藏数值模拟，把该技术推向一个新的发展阶段。当时我国没有巨型计算机，只能模拟三五千个节点的小区块，无法进行大区块或整体油藏的数值模拟，这极大地制约了我国石油勘探技术水平的提高，从而影响了国民经济建设的发展。

2. 地震数据处理

我国是地震灾害多发的国家之一，地震常常造成严重的人员伤亡和财产损失，对国民经济发展影响很大。对地震的预测，需要在极短时间内进行海量的数据处理，而地震数据处理是极其复杂的数据转换过程，国外各大物探公司纷纷安装巨型计算机（如IBM3090VF等）用于地震数据处理。而在20世纪70年代，我国各个地震数据处理计算中心的计算机性能与西方国家相差甚远，只能采用比较简单的常规流程处理地震资料：解编、编辑、滤波、反褶积、分选、速度分析、静矫正、NMO/叠加、偏移。国家物探局计算中心曾花巨资引进了IBM3838大型数据处理机，该机可以部分采用"叠加前部分偏移"处理，即用DMO代替NMO，而更精确的地震数据处理流程，需要亿次级以上的巨型计算机才能完成。

在应用领域中，交互地震处理的目的是使地震解释人员能够干预正在执行任务的机器处理工作。地震处理历来是按机器批处理的方式进行，即数据和程序整体被计算机传输和执行，而不必人工干预，这意味着执行速度并不十分紧要。但在交互处理中，响应时间（输入请求与输出结果之间的时间差）则重要得多，因为解释人员在等待输出，这意味着除最简单的处理步骤外，都需要巨型计算机来提高执行速度。其他三个应用领域分别是三维地震处理、迭前三维偏移及弹性波处理，它们的目的都是能够更精确地成像，计算的复杂性比常规处理高得多，靠巨型计算机才能有效实现。

3. 天气预报

天气预报是事关国民经济建设的重要科学活动。当代衡量一个国家气象业务发展水平的指标，从设备上看就是两项：巨型计算机和气象卫星。现代天气预报是在第二次世界大战中发展起来的，最初是天气图的主观预报。20世纪50年代开始出现计算机制作的数值天气预报，并且它逐渐被世界公认为最好的天气预报方法。

1975年，欧洲十几个国家的气象局开始集资联合建立一个计算中心。1978年，这个中心在建成后最早选用Cray-1A巨型计算机作为计算主机，该机做出了当时世界上最好的数值天气预报，轰动了整个气象界。美国、英国、法国、日本、加拿大等国的气象部门纷纷更新旧计算机系统，采用巨型计算机来开展中期数值天气预报业务（见表2-1）。

表2-1　20世纪80年代全球部分气象机构用于天气预报的巨型计算机

使用单位	巨型计算机型号
欧洲中期预报中心	Cray X-MP/48
美国国家气象中心	Cyber 205（两台）
加拿大气象局	Cray X-MP/28
英国气象局	Cyber 205
法国气象局	Cray-2
日本气象厅	S-810/20

除此之外，在天气预报中，利用最新资料重新运算预报模式、更正以前做出的预报是很重要的。一般情况下，数值天气预报模式每天要用最新资料运行一两次，所以天气预报业务有12小时的循环周期，即从观测开始到做出预报的时间不得超过12小时，否则下一个循环周期的工作又要开始了。制作预报可利用的时间还有更严格的限制，即必须在发布天气预报前做出预报。另外，为了得到较好的大气初始资料，应该尽量延长接收资料的时间，这意味着制作天气预报的时间缩短。

以我国数值中期天气预报业务系统为例。它每天运行一次，以格林尼治时间12时（北京时间20时）的观测值为初始场，用6小时接收来自世界各地的17 000多份天气报告中98%的资料（若要接收到全部资料，则需要更长时间）。因而，可以让计算机来制作数值天气预报的时间只有3小时，这样才能满足每天早晨发布天气预报的需要。巨大的计算工作量和用于计算时间的严格限制，决定了必须采用运算速度达到亿次级以上的巨型计算机，才能有效实现我国的中期数值天气预报业务。

第二节　对国外技术封锁的突破需要

新中国成立以来，一些国家（特别是美国）对我国实施了严格的技术封锁。面对这种封锁，我国必须走上自主创新的道路，需要在一些最有战略意义的领域里实现一批技术突破。"两弹一星"的研制是如此，巨型计算机的研制亦是如此。

一、美国的单边技术封锁

出口管制是指一个国家（或国家集团）为了达到一定的政治、军事和经济目的，通过法令和行政措施，对具有战略意义的物资、高技术产品、信息、服务等采取限制出口、禁止出口或其他限制措施（如核查）的贸易制度。单边出口管制是指一个国家通过颁布法律法规，制定高技术产品出口控制清单，实施出口许可制度，对出口进行控制。多边出口管制是指一些国家为了增加单边控制的有效性，通过签署国际协定、规定管制原则和制定共同管制清单，对敏感物项出口所进行的管制。

刘顺鸿先生在《中美高技术争端分析》一书中指出，美国为了确保自己在战略技术上持续的领导地位，在国内和国际两个层面建立起了全面、复杂的单边和多边出口管制体系。以国家安全为借口，美国对可以增强别国军事潜力的货物或技术进行出口或再出口的限制。1949年，美国国会通过了首部《出口管制法案》，对苏联、东欧及中国等社会主义国家所需的战略物资进行出口控制（见表2-2）。20世纪50～70年代，美国管制的目的主要是对社会主义国家实行战略物资出口限制或禁运，中国、古巴、朝鲜、越南、柬埔寨、利比亚、伊拉克等都曾遭到美国的特殊管制或全面禁运。

表2-2　美国《出口管制法案》规定受控的十大类技术与设备

类别	内容	类别	内容
0	核材料、设施与设备	5	通信与信息安全技术
1	材料、化学、微生物、生化毒素	6	传感与激光技术
2	材料加工技术	7	导航或航天技术
3	电子技术	8	海洋探测技术
4	计算机技术	9	推进系统、空间探测技术及相关设备

美国出口管制的组织框架既完备又复杂：军品的出口由国务院领导下的国防贸易控制委员会会同国防部国防技术安全局进行管制；军民两用物品的出口主要由商务部及其下属的工业和安全局管理，下设贸易战略与外交政策控制、产业战略与经济安全、不扩散控制和条约履行、出口服务、出口执法、执行分析、反联合制裁等7个办公室，负责具体的出口管理和执法工作。此外，它还设有与国会沟通和处理公众事务的办公室、首席律师办公室、不扩散出口控制小组、国际合作办公室等机构。当受控物项出口涉及具体领域时，其他部门也会参与到管制工作中来。其中，核管制委员会与能源部核条例委员会根据《原子能法案》负责核原料和核技术出口管理；财政部外国资产控制办公室根据《与敌国贸易法案》和《国际紧急状态经济权力法案》负责对敌国的禁运；海关总署负责出口监管，以及核定审查出口法规的执行状况；司法部负责麻醉和危险药品出口管理；联邦检察院负责对进出口违法事件提起公诉。另外，国土安全部、军备控制与裁军署、中央情报局、联邦调查局等都会在一定程度上参与出口管制活动。

对中国进行高技术出口管制历来是美国贸易政策的重要组成部分，也是其贯彻全球战略的一个重要环节。在"冷战"前期，管制的目标是分化、瓦解社会主义阵营，防止社会主义意识形态和中国革命模式向周边乃至全球扩展；在冷战后期，管制的目标是对付苏联，以谋求国家安全和维持世界霸权地位。冷战结束之后，随着中国的日益强大，美国越来越把中国视为挑战其霸权地位的战略竞争对手。因此，美国对华高技术出口管制在经济上是为了取得竞争优势，阻碍中国的现代化进程；在军事上是为了遏制中国的国防力量，阻挠中国统一；在政治上是为了推进美国的外交政策，维持所谓的亚洲力量平衡，巩固美国的全球霸权地位。

二、国外的多边技术封锁

第二次世界大战结束后，由于意识形态冲突，西方多国联合对社会主义国家采取全面遏制政策，表现在军事和经济上，就是对战略物资和技术实行多边出口管制。

1949年11月23日，美国、英国、法国、意大利、比利时和荷兰的高级官员组建了一个协商团体，1950年1月9日该团体被更名为"对共产党国家多边出口管制

统筹委员会"，因其设在美国驻巴黎大使馆，又被称为"巴黎统筹委员会"，简称
"巴统"。随后，加拿大、联邦德国、日本、澳大利亚等11国陆续加入该团体。历史
上，"巴统"共有17个成员国，受其管制的国家有30多个，主要包括社会主义国家，
也包括其他发展中国家。"巴统"对苏联、中国等国实行出口禁运，根本目的是防
止社会主义国家直接从"巴统"成员国或间接从资本主义国家获得战略物资和高技
术产品。

"巴统"制定了国际原子能、国际军品和工业这三份出口管制清单，将美国清
单中近半数的物品纳入禁运范围。"巴统"按照"全体一致原则"处理管制政策和
调整管制清单，即成员国向受限制的国家出口清单上的受控物资和技术时，必须向
"巴统"申请，仅当所有成员国同意后，该国才能签发出口许可证。美国在"巴统"
运行期间经常动用它的否决权。1952年9月，美国策动"巴统"成立"巴统中国委
员会"，执行所谓的"中国差别待遇"，即对中国采取较苏联、东欧国家更加严厉的
贸易管制。当时，中国受禁运项目是苏联的两倍。

"巴统"是冷战时期，西方对社会主义国家实施技术封锁的核心机构，是美国
对社会主义国家推行遏制战略的重要工具，它使美国对社会主义国家出口管制的单
边行为变成西方国家的集体行动，从而更大程度地阻碍了社会主义国家（尤其是中
国）的经济和高技术发展。

我国前石油化学工业部部长康世恩曾回忆："当年我们向西方某大国提出进口
巨型计算机的意向，人家根本不答应，好说歹说，才同意租借一台400万次/秒的
中型计算机，并且设置了苛刻条件，就是在我们的机房里建一个四面透明的玻璃
房，将外国的计算机锁在里面，钥匙由'巴统'的人员保管。中国科学家必须经过
授权才能进入玻璃房，并且在所谓'巴统'专家的监视下才能上机操作，运算的内
容必须经过他们允许，而这些'巴统'人员的高薪费用还得由我们中方来支付。巨
型计算机我们没有，只能用差的机器，还要受到这般屈辱，真气人！"

三、中国突破国外技术封锁的对策

美国对华严厉的出口管制并不是因为中国真正威胁到了它的安全，真正的原
因和直接目的是使中国产生高技术依赖，永远充当高技术跟随者的角色。一旦中国

成为美国的技术附庸,这条"巨龙"的一切就都掌控在美国手中,美国就可高枕无忧了。

中国可以选择的高技术发展道路不外乎三条:一是依赖西方发达国家的技术转移,二是自主创新,三是将这两种方式有机结合起来。对于核心技术,最根本的还是要自主创新。因为在受到出口管制的限制下,跨国公司出口和投资的技术肯定不是最先进的技术。由于技术创新速度加快,产品生命周期缩短,企图通过模仿和学习赶超发达国家的技术优势几乎是不可能的。中国必须通过自主创新,才能在某些领域实现技术竞争中的"蛙跳效应"(指技术后进者,在未来某个时期,由于技术创新,建立起新的生产与技术范式,给原来的技术领先者造成严重威胁,从而成为新的技术领先者)。

实践证明了以下两点。第一,美国不可能放松对中国高技术产品的出口管制,中国解决这个问题的最有效选择就是自主创新,即采用"两弹一星"工程的方式。前美国参议员沃特·蒙德尔说过,"经济对抗可能出现与预期相反的结果。通过贸易管制,我们(美国)反而激励他们(受管制国家)开发自己的资源……迫使他们创造出新的产业能力来生产被禁产品"。第二,只有中国有了核心技术,美国才会在类似产品的出口上放宽管制。

中国研制银河-I就是靠自主创新打破了西方技术封锁。曾参与银河-I研制的中国科学院院士、国防科学技术大学计算机学院教授周兴铭回忆:"研制银河巨型机那个时候,国外高性能计算机对中国是禁运的,他们有明确的指标,性能超过多少就不能卖给中国。那么,我们在这样的环境下怎么来做呢?只能用我们自己的技术创新。当银河-I研制出来的时候,我们与国外主流巨型计算机的差距一下子缩小到只有5～7年。正是因为中国有了银河-I,才迫使西方一定限度地放宽了对中国技术出口的限制。"

第三节　研制单位的长期积累

银河-I的研制单位——国防科学技术大学计算机研究所,最早可以追溯到军事工程学院海军工程系电子计算机研制组。

1953年9月1日成立的中国人民解放军军事工程学院(简称军事工程学院),是新中国第一所高等军事工程学府,肩负着培养我国高级军事科学与工程技术人才、研究先进武器装备的重要任务，首任院长为陈赓大将。因地处黑龙江省哈尔滨市，人们习惯把这所学院称为"哈军工"。海军工程系，是军事工程学院最初设置的五个系之一（一系是空军工程系、二系是炮兵工程系、三系是海军工程系、四系是装甲兵工程系、五系是工兵工程系），当时该系的主任为黄景文，政委为邓易非，副主任为慈云桂。

这所学院先后研制成功我国第一台专用电子管计算机、第一台通用晶体管计算机、第一台军用百万次级大型集成电路计算机，并成立了我国第一个计算机系，为银河-Ⅰ的研制进行了计算机科学研究和计算机技术人才培养的前期积累。

一、研制中国第一台专用电子管计算机

1957年6月24日，军事工程学院副院长刘居英率领中国人民解放军院校代表团一行17人，赴苏联、波兰、捷克参观访问，海军工程系副主任慈云桂、讲师柳克俊随团前往。国外计算机技术的发展情况不仅使他们大开眼界，还进一步激起了大家奋起直追的强烈民族自尊心和责任感。

回国后，柳克俊提出了研制一台电子数字计算机的初步设想，立即得到了慈云桂的赞同与支持。1958年4月，海军工程系党委决定：成立以柳克俊、胡守仁为负责人的331型（即三系三科一号任务，后更名为901型计算机，即新建立的第九专业一号任务，简称901机）电子数字计算机9人研制组（柳克俊、胡守仁、陈福接、耿惠民、张玛娅、卢经友、李宗阳、盛建国、俞咸宜），展开海军鱼雷快艇指挥仪的研制工作。这个项目及"9人小组"由系副主任慈云桂直接领导。

研制组成立后，第一步是学习电子数字计算机的基本知识，学习内容主要是苏联科学院院士列别捷夫所写的科普小册子；第二步是介绍331型计算机的初步设想，发动大家充分讨论和提出改进意见；第三步是讨论和确定研制计划、步骤、方法。陈赓院长鼓励大家："别管什么院士列别捷夫，不一定照苏联的方法干，我们干我们的！海军装备落后的面貌一定要想办法改变。"

1958年5月，慈云桂率队赶赴北京，得到了国防科委副秘书长安东、国家科委副主任李强和中国科学院党组书记张劲夫的支持，在中国科学院计算所参观学习，了解了103机和104机的研制进展，并报请学院同意，决定在中国科学院计算所设

立实验室，开展部分研究工作，特别是磁心存储器的设计与实验。于是，331型计算机的研制工作在北京和哈尔滨两地同时展开。

面对缺乏电子元器件的困难，军事工程学院刘居英副院长出面联系通信兵部王诤主任、一机部刘寅副部长，并得到了他们的支持，在北京和天津领到了所需的电子管及配件。间歇振荡器的小型脉冲变压器灌封环氧树脂需要的脱模剂，是从香港购买的英国产品。海军工程系器材处张安华参谋专程从广州乘飞机取回，他怕玻璃瓶易碎，仔细包装后竟一路用手护着提到哈尔滨。

1958年8月初，模型试验基本过关，赴京人员带着存储器样机和整机器材回到哈尔滨。两路人马会合后，先进行整机生产，再开展联调、分调。9月28日晚，经过正确性测试、稳定性测试、初步考核和椭圆积分试算，该计算机的计算结果正确。我国自行研制的第一台专用电子数字计算机（军用鱼雷快艇指挥仪）——331型计算机（见图2-1）终于研制成功。

图2-1　331型计算机（来源：国防科技大学计算机学院）

1958年9月30日，军事工程学院政委谢有法、副院长刘居英联名给中央军委致急电报捷。

报聂总、黄总长、陈副总长，海司萧、苏首长：

海军工程系自行设计、自行研制的331型舰用数字电子计算机，经三个月苦战，于二十八日完成。经检验算题，证明成品完全合乎要求。该机如装到我快艇上，将会很大地提高战斗力。特电报捷。

军事工程学院 谢有法 刘居英

九月三十日

1959年6月23日—30日，海军司令部负责组织了901机鉴定会，参加鉴定会的有来自一机部九局、十局，华北计算所、华东计算所，国营七一〇厂，中国人民解放军总后勤部（简称总后）军械部、海军科学研究部和军事工程学院等单位的20多名专家。鉴定结论认为："901专用电子数字计算机设计可行，军事工程学院首次在国内制造出专用电子数字计算机，为计算机在武器装备上的应用作了有益的尝试，为专用机的研制提供了经验。"

901机还有一件重大功绩——它是我国最早成型的计算机之一，从立项开发、赴京汇报，到1958年、1966年两次展示，先后接受了周恩来、朱德、邓小平等党、国家和军队近百位领导人的视察，它在计算机知识的宣传普及和计算机教育的推动方面功不可没。

二、研制中国第一台通用晶体管计算机

20世纪60年代初，国内科研战线急需比104机功能更强、性能更好、更稳定可靠的计算机。1961年底，刚从英国访问回来的慈云桂（当时任军事工程学院新成立的四系①——电子工程系副主任）向国防科委汇报，提出研发新型通用晶体管计算机的申请。国防科委对此给予大力支持与肯定，并把该研制任务交给了军事工程学院。

接受此项任务后，军事工程学院电子工程系于1962年3月5日正式在军用计算机教研室内成立了一个设计组来研制通用晶体管计算机，组长是刘德祯，副组长是康鹏、嵇启先，参研人员近20人，协作单位有北京工业学院、总后第31基地、海军工程学院等。该机研制代号为441B（四系第四教研室一号任务的第二个型号）。

---

① 原四系（装甲兵工程系）已于1959年进行了分散设置，1961年新组建成立了装甲兵工程学院。

慈云桂亲自带领设计组，在系统总体设计与逻辑设计，基本电路设计、实验与定型，元器件（特别是晶体管）的老化筛选，结构生产与装焊工艺，以及模型机研制和考验等各个环节，都认真细致、下苦功夫。基本电路是整机的关键，康鹏、周堤基等人经过钻研，设计和研制出高可靠性、高稳定性的"推拉式触发器"和"隔离阻塞式间隙振荡器"，为确保441B机稳定、可靠地工作奠定了扎实的基础。

1965年1月，我国首台通用晶体管计算机——441B机（见图2-2）研制成功。1965年2月10日，441B机胜利通过了332小时25分钟的连续性、稳定性、可靠性考核，表明采用国产晶体管可以制造出稳定可靠的计算机。同年4月26日，该机通过由来自10个单位的26名专家委员参加的国家鉴定会，鉴定专家组一致认为该机达到了国内领先、国际先进的水平。

图2-2　441B型通用晶体管计算机（来源：国防科技大学计算机学院）

441B机有三个型号，441B-Ⅰ是参加考核鉴定的第一台计算机，之后设计组还推出了441B-Ⅱ和441B-Ⅲ，它们成为我国研制出的第一批通用晶体管计算机；441B-Ⅱ和441B-Ⅲ这两个型号的计算机共生产了一百多台，这个数字竟超过了当时我国计算机总产量的1/3。郭平欣先生主编的《中国计算机工业概览》一书写道，"哈军工的441B机的稳定性很高，较之电子管有很明显的优越性，在试运行期间，已经产生很大积极影响，它用无可置辩的事实说明我国已经有条件生产半导体计算机，对我国计算机进入第二代起到很好的示范作用"。

三、研制中国第一台军用百万次级大型集成电路计算机

1965年3月，面对严峻的国际形势和科学技术的迅猛发展，中央专委决定研制"东风某型"洲际导弹。洲际导弹又称远程战略导弹，它的射程可以达到8000～12 000km。要发展洲际导弹，必须设计制造远洋航天测量船，完成洲际导弹全程实验的海上靶场测控任务。东风某型研制工程刚刚启动，"文化大革命"就开始了，在重重困难下，中央专委仍然于1967年1月18日开会决定，启动洲际导弹的配套工程——远洋航天测量船制造，并将其作为重点工程列入国家计划，代号为"718工程"。

1969年11月4日，国防科委召开"718工程"远洋航天测量船中心处理计算机方案论证会。刚刚从"牛棚"放出来的慈云桂参加了这次会议，他详细阐述了被隔离时精心构思的集成电路化、双机系统设计方案，受到国防科委领导和各基地科技专家的一致好评，从而获准受领研制百万次大型集成电路计算机的任务。1970年4月，国防科委正式下达"718工程"远洋航天测量船中心处理计算机任务书，其中"远望一号"测量船中心处理计算机（简称151机，见图2-3）研制任务由哈尔滨工程学院承担，代号"151"。

图2-3　151机（来源：国防科技大学计算机学院）

1970年10月，哈尔滨工程学院（原哈军工）奉命南迁至长沙，更名为长沙工学院。科研人员借用马坡岭农机校的"养鸭场"，将其改建成实验室，开始151机

的研制任务，其中集成电路则在北京研制。当时条件极其艰苦，参研人员顶着各种压力，排除干扰、群策群力、艰苦奋斗，攻下一个又一个难关，实现了技术上的飞跃。长沙、北京两地科研会战，即便是在唐山地震后也不停歇。

1976年12月，经过7年苦战，我国自行设计和生产的151-Ⅲ大型集成电路计算机终于研制成功，通过了国防科委组织的稳定性考核，一次考核无故障时间达76小时05分后人工停机，64位运算速度达130万次/秒，32位运算速度达250万次/秒，超出设计指标30%左右。而此时，"远望一号"测量船本身还没有生产完毕。

1978年8月，151-Ⅳ双机系统研制成功，并于1979年3月通过国防科委组织的考核验收，稳定运行168小时，64位运算速度达254万次/秒，32位运算速度达400万次/秒，超出设计指标25%～50%。

1979年8月，151-Ⅳ机顺利装船，通过了各种联调、测试与近海训练。1980年5月，我国首次成功向南太平洋预定海域发射洲际导弹，"远望一号"测量船上的151-Ⅳ机发挥了重要作用。之后，151机还圆满完成了我国第一颗地球同步通信卫星发射测控和我国核潜艇首次水下发射运载火箭试验测控等重要任务，成为我国当时大型集成电路计算机中的佼佼者。

151机荣获1978年全国科学大会奖、湖南省科学大会奖；151机的插件式磁心存储器获湖南省科学大会奖；151-Ⅳ双机系统获军队科技进步一等奖；151-Ⅳ机的实时操作系统获解放军科技成果二等奖；151-Ⅳ机双机系统检查程序获解放军科技成果三等奖；151-Ⅳ机标准子程序获国防科技进步三等奖；"718工程"数学引导（第二方案）获国防科技成果三等奖；151机装备的"远望一号"测量船获国家科技进步特等奖；151机参加的东风某型洲际导弹全程实验获国家科技进步特等奖。

四、成立中国第一个计算机系

1958年11月，901机于北京海军大院展览期间，海军工程系副主任慈云桂等向陈赓院长汇报了计算机人才问题。陈赓提出："人力不够，靠自己培养，你们研制901机，不是边学边干，在战斗中成长吗？学校就是培养人的，机器研制出来，人也要培养出来。你们回去，立即成立计算机专业。"于是在1959年3月，海军工程系成立了一个临时的计算机教学组织，指定胡守仁负责组织制订教学大纲和授课计划。1960年2月，该系成立电子计算机教研室（306室），计算机专业正式诞生。同年8月，海军工程系从1957级本科生中抽调13名四年级学员，组成57-323班（数字指挥仪班），由慈云桂和柳克俊直接安排教育计划。这批学员边学习边参加教研室科研，毕业后全部留校工作。

1961年8月，军事工程学院电子工程系（代号为四系）成立，包括了雷达、导航、通讯（当时名称）、计算机、微波工程、电子对抗等专业。该系下设8个专科，每个专科各有1个教研室，其中计算机专科的代号为四科，下设军用计算机教研室（代号为404室），室主任为胡守仁，副主任为陈亚希。同时，海军工程系（代号为三系）把901研制组扩编为海军导弹指挥仪系统教研室（代号为304室），室主任为俞克曜，副主任为柳克俊和宫德荣。1963年9月，军事工程学院向国防科委汇报，提出将这两个教研室合并，拟成立电子计算机系（代号为六系）。该提议得到批准，六系的筹建就此开始。从1959年至1966年4月，哈军工计算机专业共毕业三期192名学员，在校本科生368人。

1966年4月1日，军事工程学院在一号楼小礼堂召开电子计算机系成立大会，我国第一个计算机系宣告诞生（见图2-4）。会上宣读了国防科委主任聂荣臻签发的命令（[66]科8字189号）：任命慈云桂为电子计算机系主任，夏常平、俞克曜、胡守仁、董玮为系副主任，张景华为系党委书记，该系下设1个教研室、1个研究室、5个学员队。全系教职工158人，其中教学、科研人员136人（教授慈云桂，副教授柳克俊，讲师8人，助教90人，技术员、实验员36人），此外还有进修与协作人员155人。

图2-4　我国第一个计算机系成立时部分师生的合影（来源：国防科技大学计算机学院）

《溯源中国计算机》一书的作者徐祖哲先生当年亲自参加了这次会议，他在书中记述道："笔者有幸参加了六系（电子计算机系）成立仪式，在场聆听学院领导宣布决定，汇集到一起的、身着三军军装的学员们还分别演出了小型歌舞节目以表庆贺。当日适逢军事工程学院更名为哈尔滨工程学院，全体教员和学员转业退出军队现役。"

这次会议虽然规模不大，但是在中国计算机发展史上具有里程碑意义。1965年7月，美国第一个（也是世界上首个）计算机系在卡内基梅隆大学建立，"计算机科学与技术"从此成为一个独立的学科。次年，我国高等院校就成立了自己的首个电子计算机系，仅比美国晚了9个月。

1970年10月，哈尔滨工程学院（原军事工程学院）南迁长沙并更名为长沙工学院后，重新组建了计算机专业，成立了长沙工学院计算机研究所，下设6个研究室。这期间，研究所的领导和机关由上级指定，均称为"负责人"。该研究所的负责人有慈云桂、诸连芬、刘越庭、胡守仁、夏常平、俞克曜、王爱义、齐九卿等，主要负责人为慈云桂。1972年3月，高等院校恢复招生。截至1976年，长沙工学院计算机研究所先后招收学员四期，培养本科生283名，三年期的大专生84名。1978年6月，长沙工学院更名为中国人民解放军国防科学技术大学（2017年重建并改称国防科技大学），重归军队序列。

第四节　中共中央的科学决策

中共中央和国家高层始终关注着我国计算机（特别是巨型计算机）的研制发展。党的第一代中央领导集体对计算机事业的创立和建设倾注心血，毛泽东、周恩来、邓小平等同志都直接参与了谋划与部署；党的第二代中央领导核心邓小平同志更是亲自拍板，决策了我国第一台巨型计算机——银河-Ⅰ的研制。

一、第一代中央领导集体的精心谋划

1956年1月31日，在毛泽东主席的殷切期望下，由周恩来总理挂帅，国务院成立了科学远景规划小组。6月14日，毛泽东、周恩来、朱德、邓小平等党和国家领

导人在中南海接见了参加制定规划的科学家，夏培肃等多名计算机专家光荣出席。8月21日，由国家计划委员会制定的《1956—1967年科学技术发展远景规划纲要（修正草案）》出台，这就是著名的《十二年科技规划》。《十二年科技规划》面向整个科学领域，是全局性的安排，已经将计算技术列为最重要的科学技术任务之一，相关的表述为第41项"计算技术的建立"。

本任务以电子计算机的设计制造与运用为主要内容。一、二年内，首先着重于快速通用数字电子计算机的设计与制造，从中掌握各种电子计算机的基本技术与运用方法，以建立计算技术的基础。二、三年内，开始掌握专用电子计算机的设计与制造，进而根据需要研究制造各种专用计算机。关于利用电子计算机进行自动翻译的工作，首先由语言学家与数学家协同研究翻译中字汇范围和文句结构，并编制运算程序，然后进行实际操作的研究。此外，有关计算机技术的数学问题，如程序设计与近似计算方法等，也包括在本任务之内（关于模拟计算机以及穿孔式及检式计算机的制造问题，已列入第54项任务内）。

与此同时，中共中央从《十二年科技规划》的57个科学任务中确定了加速科学发展的四项"紧急措施"，即计算机、无线电电子学、半导体和自动化技术，并于1957年开始实施，计算机技术赫然排在首位。"紧急措施"围绕电子信息领域的部署，组织全国范围的协同攻关，育人才、建机构、生产计算机，为"两弹一星"等重点科学工程提供了计算机人才与技术支持。

1972年，中央出于发展第二代战略武器、增强国防实力的迫切需要，责令国防科委加紧研究更高性能的计算机。国防科委副主任钱学森主持召开了两次巨型计算机专家论证会。长沙工学院计算机研究所负责人慈云桂在会上提出建议，强烈主张立即将巨型计算机的研制列入国家科研规划，尽快上马，得到了与会领导和专家的一致支持。当年10月，国防科委召开常务常委扩大会，专题研究巨型计算机问题，慈云桂受邀参加。这次会议介绍了当前国际上巨型计算机的发展情况，分析了我国开展巨型计算机研制的有利条件和不利因素，责成慈云桂作为代表向中央专委起草报告，建议将巨型计算机研制列入国家重点工程项目。

报告递到中央后，由于"四人帮"的阻挠干扰，久久没有下文。由于周恩来病重，"四人帮"倒行逆施，毛泽东逐步把统筹全局、治理国家的重任移交给邓小平。特别是1973年3月复出后，邓小平对包括巨型计算机研制计划在内的重大科研工作非常关注，巨型计算机相关工作因"文化大革命"受到的干扰因此相对少了一些。慈云桂多次向国防科委主任张爱萍汇报，渴望争取巨型计算机研制任务。他的建议很快获准，长沙工学院计算机研究所便开始了巨型计算机的预研和技术储备工作。

1975年10月，张爱萍指示国防科委召开专门会议，决定立即启动巨型计算机研制工作，组织国内计算机知名单位进行第一次巨型计算机全国调研。长沙工学院计算机研究所负责人慈云桂任调研组组长，国防科委科技部四局唐遇鹤任副组长，中国科学院计算所、长沙工学院等单位的20余人组成调研组，深入北京、西安、上海等30多个地方（包括二机部、华东计算所、北京一〇九半导体厂、西安六九一厂等单位），就研制巨型计算机的必要性、可能性，特别是巨型计算机技术需求、国内元器件和外部设备的生产状况和水平等，进行了历时一个月的广泛调研。参与调研的单位一致反映：搞我们自己的巨型计算机十分必要，许多大型科学问题没有巨型计算机根本无法解决。

完成调研后，慈云桂将总体情况向钱学森作了汇报。钱学森说："现在搞不搞巨型机和当年搞不搞两弹一样重要。"他特意讲道，"空气动力学中N-S方程没有巨型机就无法精确计算。航空航天器的设计、定型需要很多次风洞实验，耗费大量人力财力，试验中存在着悬挂效应，边界条件有不切实际的情况，其设计需要上亿次的巨型机来做计算。"钱老风趣地说："即使要模拟烟囱冒烟的三维活动图像的计算这个看来简单的问题，也需要上百亿次的计算机呢。"

1975年底，正当调研组期待国防科委的进一步指示时，由于"四人帮"兴风作浪，邓小平再次被打倒，中国巨型计算机研制计划被搁浅，十分可惜。

二、第二代中央领导核心的英明决断

粉碎"四人帮"后的1977年7月，中共十届三中全会在北京召开，大会通过决议，恢复邓小平的党政军领导职务，张爱萍也很快重新出任副总参谋长兼国防科委主任。张爱萍在听取有关巨型计算机研制的多次汇报后，再次指示慈云桂，抽调技术骨干为研制巨型计算机进行调研。10月，以长沙工学院为主，七〇六所、七七一所参与，由20多名专家组成的巨型计算机调研组开始了第二次全国调研。

这次调研的针对性很强，慈云桂将人员分成南、北两个组，深入国防、石油、气象等领域的主要用户，重点了解他们对巨型计算机的应用领域、数学模型范围、常用算法、精度和容量等的要求。同时，广泛搜集国内外关于巨型计算机软硬件结构、性能评价、并行算法、数据结构和软件工程等方面的书刊和资料，在此基础上展开了各种巨型计算机设计方案的探索论证、逻辑模拟与系统模拟等研究工作。调研中，王淦昌、王大珩、任新民、庄逢甘、程开甲等多位资深科学家，从不同角度指出了研制国产巨型计算机的意义。

调研结束后，慈云桂向中央专委提交了关于开展亿次级巨型计算机研制的请示报告，其中写道："为加速发展我国尖端技术，努力赶上和超过世界水平，必须继续不断地研制运算速度更快、存储容量更大的电子计算机和辅助设备系统，建立一个具有巨大计算能力的计算机体系的基地，同时相应地培养使用人员，发展计算理论。"报告还指出了巨型计算机对核武器的发展、核弹头的小型化、导弹和航天器的空气动力学计算等方面的重要作用。

1977年11月14日，国防科委专门向中共中央呈报了《关于研制巨型电子计算机事》的请示报告，同月26日，中央批准了此报告。当时，中国科学院和电子工业部等有关单位也希望承担此项任务。据原国防科委四局干部唐遇鹤回忆，"……这个时候，国家专委已把巨型计算机研制列入科研规划，中国科学院、第四机械工业部（简称四机部）、上海市有关领导知道这一消息后，纷纷向中央写报告，要求承担这一重大科研任务。当时中国科学院和四机部的报告都已经得到了国家有关领导人的批准，预算为五六个亿的科研经费，预计10年左右完成……而我们（国防科委）的报告是计划5年左右完成研制工作，经费2个亿，由国防科委自行解决，实际上就是不要国家一分钱。"

1978年3月4日，时任中央军委副主席兼总参谋长的邓小平主持召开中央部署巨型计算机研制会，他在会上指出："中国要搞四个现代化，不能没有巨型机！"在听取各方面的情况汇报后，邓小平当即拍板，他说："……一亿次机只能搞一台，一亿次的就由长沙工学院搞算了。要在国家科委领导之下来搞。论证的时候，可以多请一些人来参加。什么时候完成，长沙工学院要签字。有些器件可以购买，主要是为了抢时间。我们科学院就搞千万次的。一亿次的，国家科委要牵头，要搞个规划。国家科委一定要搞个指挥中心来管理，指挥中心包括各个部门和军队。"

　　小平同志英明决断，亲自把我国第一台巨型计算机的研究和开发任务交由长沙工学院（同年改称为中国人民解放军国防科学技术大学）来承担。会议结束后，张爱萍一方面传达中央军委的指示精神，任命慈云桂为巨型计算机研制的总设计师；另一方面迅速组织从上到下的领导班子和技术力量，共同投入这项重大而光荣的科研工程任务之中。

　　就这样，银河-Ⅰ的研制，在中国进入改革开放春天的时代大背景下正式拉开帷幕。

第三章
银河-Ⅰ的研制过程

1978年5月，国防科委在北京召开我国第一台巨型计算机总体方案论证和协作会议，当时确定研制任务的代号为"785工程"，因而该会议简称785会议。1982年1月，"785工程"主机硬件调试完毕，国防科委主任张爱萍为该机正式题名"银河"，即银河-Ⅰ巨型计算机。至1983年12月，银河-Ⅰ的研制历时5年多，共分为6个阶段：总体方案论证和工程准备阶段，实验、逻辑设计、插件工程化和模型机研制阶段，主机生产阶段，硬件系统调试阶段，软件系统的研制和联调阶段，以及试算和国家技术考核、鉴定阶段。

第一节 总体方案论证和工程准备阶段
（1978年5月—1978年12月）

巨型计算机总体方案主要是确定巨型计算机系统执行何种设计思想、采用什么体系结构、软硬件如何实现等一整套技术问题的"总路线"。它是巨型计算机研制的起点，事关整个研制工程的成败。虽然银河-Ⅰ的总体方案论证会是1978年5月召开的，但预研工作早已展开。

一、借鉴Cray-1设计思想的总体方案出台经过

在1977年下半年第二次巨型计算机全国调研之时，组长慈云桂就领着团队紧锣密鼓地收集资料，开始设计巨型计算机的总体方案。起初，他们瞄准的是美国TI公司1972年研制的ASC和CDC 1973年推出的STAR-100这两台巨型计算机早期系统。经三易其稿，他们已做好了一套总体方案，到该年年底几乎要确定下来了。与此同时，慈云桂完成全国调研结束后并没有急着回长沙，而是带着周堤基、张德芳二人继续在北京收集资料。

就在这个时候，哈军工校友、四机部标准化研究所研究员刘德贵主动上门找

到慈云桂，提供了几张1976年美国最新巨型计算机Cray-1的广告宣传材料。慈云桂立刻被Cray-1新颖而简洁的设计思想吸引，经过分析研究后，他感到参考价值极大。于是，三人连夜做出了一个借鉴Cray-1设计思想、适合我国国情的巨型计算机研制的新总体方案初稿。1978年1月初，慈云桂将新方案初稿和Cray-1资料带回，交给长沙的总体组其他成员，大家看后都不禁有"眼前一亮"的感觉。

当时作为主机系统负责人参加了银河-I总体方案论证设计的周兴铭后来回忆："美国的Cray-1向量巨型机广告材料拿来一看，这个设计思路跟原来的机器完全不同，指令系统极其精简，圆筒形的工艺组装，和传统概念都不一样。我们总体组看了以后发起讨论，认为这个机器比我们（原先）设计的要先进。可是原来的方案都搞了好几个月，各种资料都准备好了，还征求了领导意见，也已完善好了。这时我们提出方案是不是要改？慈先生领导我们总体方案设计论证组经过深入研究，认为Cray-1的设计思想、实现手段更加先进，确有独到之处，当即决定推翻以前的方案，把我们的瞄准点转向Cray-1，这样就大大提高了我们的研制起点。"

此时，离预定召开巨型计算机总体方案论证会的时间已不足4个月。为加强论证，慈云桂一方面继续收集情报，另一方面立即派出多支队伍奔赴国外密集考察。

1978年1月，张德芳被派往法国考察，随第七机械工业部（简称七机部）考察团访问了法国宇航中心、信息研究所、汤姆逊公司、BULL公司、SEMS公司等，与法国同行就巨型计算机浮点计算、供电系统进行了深入讨论，这为后来研制银河-I提供了重要技术参数及电源设计参考方案。

1978年2月，国防科委四局唐遇鹤带领康鹏、杨晓东、吴泉源赴日本购买富士通大型计算机，准备用作巨型计算机外围设备。日本人迫于美国压力，只卖硬件、不卖软件。一个多月的调研和商谈虽然没有达成购买协议，但也有一定的学习收获。

1978年5月，国防科学技术大学派人随中国电子学会计算机代表团访问美国，华东计算所负责人陈仁甫为团长。代表团参加了美国全国计算机会议（National Computer Conference，NCC）和多个学术活动，参观了有关高等院校的计算机系、计算中心，考察了一些计算机公司。

这些国外考察调研，为银河-I最终方案的设计论证提供了十分重要的参考资料。据此，慈云桂大胆推翻之前已经下苦功做好的原总体方案，重新设计出一个符合中国国情、可以与国际最先进机器兼容的巨型计算机新总体方案（见图3-1）。

图3-1 集体讨论银河-Ⅰ总体方案（左三为慈云桂）（来源：国防科技大学计算机学院）

1978年5月，785会议在北京召开，来自68个单位的140名国内专家学者参加了该会议。会上，慈云桂做了巨型计算机新总体方案汇报，受到大家一致好评。于是，这次会议通过了借鉴美国Cray-1设计思想的巨型计算机总体方案。该方案中的体系结构采用一个分两期完成的双处理机系统，并确定引进一些元器件，外围机和外部设备由国内协作单位研制。新方案确定的巨型计算机总体技术指标是：中央处理机的向量运算速度在高效时能够达到1亿次/秒以上，存储器容量为200万字，字长为64位，平均故障间隔时间达24小时以上，可用性不低于90%。

这套巨型计算机总体方案，立意新、起点高，敢于瞄准当时国际上性能最高的巨型计算机，从工程实效来看具有很好的可操作性。借鉴国外成功的先进技术，中国巨型计算机研制工作既拥有了高起点，又减小了风险，同时少走了弯路。

虽然借鉴了Cray-1的设计思想，但由于西方对华严格的技术封锁，Cray-1整机以及相应的元器件不可能买到，详细技术资料也无法获取。由于没有其体系结构、硬件的工程图纸与软件系统的设计架构，我们的科研人员无法掌握Cray-1如何实现亿次级计算的关键核心技术细节。同时，Cray-1的许多工程技术，比如其特制的超高速双极型逻辑器件与液冷技术相结合的高密度工艺组装技术等，在我国当时工业基础落后的条件下也是无法实现的。银河-Ⅰ研制团队只能根据国情，结合自身实际，进行了一系列自主创新。例如：为了弥补机器主频的不足，提出双向量阵列全流水线化体系结构，提高了巨型计算机的并行度和实际运算速度；采用素数模无冲突访问的主存结构，提高了主存储器的向量实际存取速度；在世界上率先选用高速动态MOS器件作为主存，使主存容量满足了用户要求；为避开液冷技术的困难，创新使用了等压短风路并行通风的风冷技术给机器降温；自行研制了难度极大的巨型计算机操作系统、编译系统、应用软件及I/O软件，等等。

二、创新采用单中央处理机双向量阵列体系结构的缘由

巨型计算机体系结构又称系统结构，是指适当组织在一起的一系列巨型计算机系统元素的集合，这些系统元素相互配合、相互协作，通过对信息的处理来实现预先定义的目标。系统元素通常包含巨型计算机的硬件、软件、网络互联通信及外部设备等。

在研制银河-I之前，国防科学技术大学计算机研究所团队只有研制百万次计算机的经验。跳过千万次直接搞一亿次，意味着要跨越一代机型，运算速度要比他们刚刚完成的151机整整提高两个数量级，工程难度和艰巨性可想而知。

当初在研究银河-I体系结构时，科研人员曾提出三种技术方案：第一种是多机并行体系结构，第二种是共享主存的双中央处理机体系结构，第三种是单中央处理机双向量阵列体系结构。第一种方案比较超前，经慎重考虑，大家都认为这一方案设想虽然大胆，但技术实现难度太大，不符合我国实际，被慈云桂较早否定了。

在我国当时的工业和技术水平条件下，第二及第三种方案相对比较适合亿次级巨型计算机的研制。长沙工学院在双中央处理机系统研制方面是有经验的，"718工程"的151-IV百万次级计算机（简称151-IV机）就是大型通用双中央处理机复合系统。151-IV机的特点是：双中央处理机值守，一机为工作机，另一机为备份机，当工作机发生故障时，连续自动切换到备份机继续工作；也可以双中央处理机独立运行，每一台单机分别运行各自的程序；还可以两机联合工作，以获得更强的处理能力。正是基于151-IV机的双处理机模式在"远望一号"测量船上连续、稳定运行的成功实践，1978年5月的巨型计算机方案论证和协作会上最初通过的是采用共享主存的双中央处理机体系结构。

但是随着深入研究发现，如果采用双中央处理机体系结构，就必须同步开发并行处理软件系统，而这在当时尚属世界前沿技术，无论在技术力量方面还是工程时限方面，都存在很大困难。于是，研制团队开始考虑单中央处理机的方案。

传统的计算机使用标量计算模式，一次只能处理一个或者一对操作数。向量计算机则可以同时对相互不关联的数个或者数对操作数进行处理，更加适合大型科学计算。因此，慈云桂很早就明确提出要把银河-I做成向量巨型计算机的目标。要将体系结构改成单中央处理机系统，各个部件，特别是中央处理机就需要具有

更强的性能。美国Cray-1的中央处理机主频高达80MHz，而我国151-Ⅳ机的主频只有5MHz左右。科研人员通过反复核算得出结论：在当时国内现有元器件水平基础上，如果采用普通的向量计算机研发模式，无论如何也达不到亿次级的巨型计算机速度。

1978年8月—9月，国防科学技术大学计算机研究所组织"785工程"技术人员学习讨论了国外先进经验，特别是细致研究了Cray-1极为有限的资料。另外，慈云桂为大家做了题为《关于美国阵列处理巨型计算机》的学术报告。通过集体学习研究，银河-I研制团队创造性地提出了一个称为"双向量阵列体系结构"的方案。双向量阵列体系结构是对普通向量巨型计算机体系结构的进一步优化，对于一个向量运算，双阵列运算部件同时执行两组数据的重叠运算，每拍能获得两个结果数；对于多个向量运算，可以由不同的功能部件并行执行。银河-I的主要服务对象是核工业部等单位，计算的主要课题是必须用亿次级以上的巨型计算机才能解决的大型科研算题。据调查，这些课题75%以上都属于向量运算，双向量阵列体系结构非常适合这类大型科学计算。同时，多功能部件、全流水线化、并行运算和分布式结构等先进技术，在双向量阵列体系结构中也会有很好的应用。

因上所述，慈云桂立即带领团队对785会议上已经通过的双中央处理机体系结构技术方案作了较大修改，创新性地采用单中央处理机双向量阵列体系结构，并于10月7日最终完成了总体论证中巨型计算机体系结构的关键核心设计工作。1978年11月—12月，国防科委在北京召开"785工程"方案审定会（7811会议），批准了银河-I最终采用单中央处理机双向量阵列全流水线化体系结构来实现。

有意思的是，后来日本于1981年推出的Fujitsu VP-200巨型计算机也采用了双向量阵列体系结构；美国Cray公司1983年在Cray-1基础上开发的新式巨型计算机Cray-MP则采用了双中央处理机体系结构。这些不谋而合的事实说明，科学技术不分国界，中国人在科技创新上完全可以有所作为。

三、研制工程的有关准备工作

1978年6月6日，"785工程"启动不久，在邓小平同志的关怀和决策下，国务院、中央军委联合批准发布了《关于成立中国人民解放军国防科学技术大学的通知》(国发〔1978〕110号文件),决定将长沙工学院改建为国防科学技术大学,重新归入军队序列,隶属国防科委领导。长沙工学院电子计算机研究所随即改建为国防科学技术大学计算机系兼研究所(代号为六系)。

国防科委主任张爱萍指派副主任张震寰挂帅,与该委科技部四局局长李勇、处长唐遇鹤一起组成"785工程"总指挥组,巨型计算机的研制工作从此在国防科委的直接领导下进行。

巨型计算机研制是国防科学技术大学成立后承担的第一项国家重大任务,学校党委非常重视,在召开的第一次党委会上就研究了巨型计算机研制工作,成立了由副校长张文峰、慈云桂和副政委董启强组成的"785工程"领导小组,在学校机关设立"785工程"办公室,苏克任主任。计算机系兼研究所成立了巨型计算机研制总体组,慈云桂任组长,下设硬件总体组和软件总体组,负责人分别是王振青和陈火旺。

"785工程"领导小组迅速制定出巨型计算机研制的如下指导思想与设计原则。

第一,坚持独立自主、自力更生、艰苦奋斗、勤俭节约的方针。

第二,学习国内外的先进经验,尽量以当前国际先进水平为起点,积极采用先进技术,引进必要的技术、设备,洋为中用;从我国实际情况出发,尽量采用行之有效且先进成熟的工艺、技术和元件,把先进性和现实性有机结合起来,加速完成研制任务。

第三,坚持质量第一、可靠性第一,把"三严"作风贯彻到工作的始终。

第四,系统简洁、维护方便、使用灵活、软硬结合、软硬并举,使软硬件系统都具有先进水平。

第五,大搞技术革新和计算机辅助设计、生产和测试。

同时,他们还确定了实现策略与途径:第一,发挥自身优势,集中主要力量,高速度、高质量地研制亿次级巨型计算机系统的关键设备——高速主机,协作研制或引进外围机和外部设备等;第二,为了研究、设计、生产高度结合,主机生产立足于校内,并积极建立实验和生产基地,攻克技术、工艺难关;第三,发扬社会主义大协作精神,组织软件协作攻关,高标准、高质量地按时完成各种软件研制任务。

1978年7月,国防科委在长沙召开"785工程"软件协作会议,会上落实了协作任务及各单位的分工,并提出了我们的巨型计算机要与美国的Cray-1实现指令级兼容。为了增强巨型计算机总体方案完善的针对性,慈云桂再次组织人员对二机部、七机部、风洞实验基地等重点用户单位进行深入调研。

1978年12月的"785工程"方案审定会，在研制工程准备方面还确定了一套切实可行的计划：第一，由国防科学技术大学计算机研究所的计算机工厂负责生产主机；第二，与其他单位合作研制或从国外引进外围机和外部设备；第三，以国防科学技术大学计算机研究所软件研制队伍为主，组织国内力量协作完成软件系统开发任务；第四，明确了各年度的任务。

至此，"785工程"有关准备工作宣告完成。

第二节 实验、逻辑设计、插件工程化与模型机研制阶段（1978 年 10 月—1980 年 3 月）

总体方案确定后银河-I 的研制过程便进入实验、逻辑设计、插件工程化和模型机研制阶段。为了使巨型计算机设计更符合高速度与高质量的指标，研制团队进行了大量的理论研究和实验，确定逻辑设计原则、实现技术和生产工艺，并通过研制模型机检验其可行性与有效性，为研制银河-I 整机系统奠定了可靠基础。

本节主要介绍逻辑设计和模型机研制的有关情况。

一、逻辑设计

巨型计算机逻辑设计就是以逻辑方案为基础进行巨型计算机的电路设计，包括指令部件设计、运算部件设计、存储部件设计和逻辑电路设计。

指令部件方面，以Cray-1指令集为参考基础进行设计。银河-I 研制团队创造性地设计了全流水线化功能部件和复合流水线技术：全机18个功能部件全是流水线结构，指令控制（简称指控）、数据存取都采用流水线工作方式；运用复合流水线技术，较好地解决了向量指令相关问题，提高了部件工作的并行度，从而提高了实际运算速度。同时，设置了"压缩还原"型传送指令和间接地址传送指令，为一些算法提供了方便，可以大大节省空间，也显著地提高了运算速度。

运算部件方面，改进了Cray-1浮点倒数近似迭代算法，简化了部件结构。在精度相同的情况下，器材节省约60%，流水线从14站降为6站，缩短了运算起步时间。

存储部件方面，采用单中央处理机双向量阵列全流水线化体系结构之后，容易引起访问存储器冲突，从而无法保证双向量数据流量的连续性。银河-I 研制团队创造性地提出了素数模（模 31/17）双总线交叉访问的存储控制技术，包括快速地址变换算法及其实现、访问冲突处理和队列结构等，保证了高速数据流量的实现。

电路设计方面，银河-I 研制团队迅速弄清了 ECL 电路（MECL10K）的原理，研究制定了电路设计规范和主机信号传输原则，为插件工程实现打下了良好基础。

在整个逻辑设计过程中，研制团队下了十分细致的功夫，使银河-I 主机在 20MHz 主频下能够稳定工作（高边缘可达 24MHz），为全系统向量运算速度突破 1 亿次/秒立下大功。

二、模型机研制

"785工程"模型机研制工作的持续时间约为一年零三个月，但是经历了较长的酝酿时间，主要原因是一开始大家有疑虑：是否需要先研制模型机？模型机规模要搞多大？对这些问题，研制团队中有人曾经有以下想法。

首先，国内其他单位有成熟的经验，如中国科学院计算所、总参五十六所都有采用 ECL 电路研制高速计算机的经验，可以向他们学习，不必自己搞模型机。

其次，上级对"785工程"的完成时间有明确要求，时间紧迫又人力短缺，难以抽出队伍去研制模型机。

最后，如果要研制模型机，规模小了不能说明问题，规模大则工作量大、研制时间长，可能成了"马后炮"，不能为整机研制提供经验。

银河-I 研制团队全体人员通过一段时间的民主讨论，逐步统一了思想，对研制模型机的必要性有了以下肯定的看法。

（1）团队过去只研制过百万次级计算机，现在要跨越千万次级、直接研制亿次级巨型计算机，其组件速度高、功耗大、主频高，需要解决信号传输、组装工艺、通风散热等一系列问题，这些方面大家没有经验。

（2）中国科学院计算所和总参五十六所对采用 ECL 电路研制高速计算机确实有丰富的成功经验，应该向他们学习，但是其他型号的经验不能照搬，而且有许多不同的具体情况，如系统指标高、机器主频高、组件集成度高、MOS 组件都是新型器件等。因此，在学习他人的同时，只有经过自己的实践，才能为银河-I 的设计、生产和调试摸索出一些自己的体会和经验。

（3）要研制亿次级巨型计算机，生产工艺是关键。当时国防科学技术大学计算机研究所计算机工厂的生产设备、生产技术、生产工艺等都不具备生产亿次级巨型计算机的条件，困难很多，只有通过研制模型机来创造这些条件，建立起生产线和工艺流程，才能为银河-I整机生产夯实基础。

（4）根据以往20年来团队研制计算机的经验，在生产整机以前都做了模型机。例如，441B机不但做了8位运算器的模型机，还做了20位运算器的模型机；151机先后做了15个模型机，为整机研制积累了大量经验。

基于以上原因，总设计师慈云桂最终做出了研制"785工程"模型机的决定，带领团队就任务分工、研制力量等具体问题做了妥善的安排，明确了研制模型机的目的是对所采用的元器件的性能、老化筛选条件与测试指标、元器件的使用环境条件、印制电路板与机柜结构、通风散热系统、逻辑设计与工程化设计、信号传输规则、电源方案，以及高密度组装工艺等进行实践检验，为银河-I整机的研制和生产提供经验。

为了使模型机的研制对银河-I整机设计和生产真正起到作用，在时限上就得有要求，即研制模型机的时间不可太长。因此，模型机的规模就不能搞太大。科研人员没有在系统结构设计方面多花功夫，也没有打算把模型机作为一台通用计算机真正使用，而是作为一台指令系统比较简单且不完善的机器，但要能够通过模型机的设计、生产、调试以及程序的运行达到模型机研制的目的。

从1978年底开始，经过五个月的努力，"785工程"模型机研制从拟订方案、逻辑设计与工程化设计、组件测试与性能摸底、机柜加工，到印制电路板自动照相设备的安装和调试等都取得较大的进展。1979年3月，张震寰进一步指示要"首先抓好模型机研制工作"。国防科学技术大学于4月6日召开"785工程"模型机会战动员会，宣传研制模型机的重要意义，并提出了推进计划与要求。科研人员和工厂工人共同努力、反复试验，于6月26日突破了技术难关，造出第一块具有高密度、高精度、高要求属性的多层印制电路板，为整个模型机的生产创造了条件。同年8月10日，模型机正式开始投产，生产任务于12月中旬全部完成。1980年3月20日起，模型机稳定性考验开始进行，4月3日考验结束。至此，"785工程"模型机研制取得成功。

通过"785工程"模型机的设计、生产和调试，特别是通过有关稳定性的考验，模型机的性能达到了预定的技术指标，这为银河-I的整机研制提供了重要经验。

第一，采用摩托罗拉标准的射极耦合逻辑（Motorola Emitter-Coupled Logic，MECL）电路和MOS存储电路的性能摸底符合实际情况，老化筛选条件和测试指标满足要求，除个别组件外，电源能分别拉偏正负10%。

第二，逻辑设计和工程化设计是可行的，根据信号传输实验制定的信号传输规则在模型机上是满足要求的，整机主频指标（20MHz）是可以达到的。

第三，选择周期为375ns的MOS存储组件，采用流水线工作方式，可以做到单个模块存储周期为400ns。主存控制电路使用MECL电路，整个主存逻辑系统能与运算控制（运控）匹配，说明MOS半导体大容量存储器的主存方案及其速度可满足亿次级巨型计算机的要求。

第四，主机结构和通风散热系统是可行的，各电路之间的最大温差满足电路对使用环境的要求，能保证模型机连续稳定工作。

第五，交流稳压、直流不稳压电源及馈电系统的方案可以满足系统的要求。

第六，印制电路板生产、插件装配和底板绕焊等生产工艺，只要生产人员严肃认真、一丝不苟，搞好岗位责任制，是可以满足整机质量要求的。

第七，采用微型计算机作为系统调机手段，是对手工业式调机方法的重大革新。实践证明，利用微机进行调机更加灵活、方便、有效。

在模型机的研制过程中，一些问题被发现，如逻辑设计与工程化设计有小错误、印制电路板有毛刺引起短路、底板绕焊个别有错、极少数组件和元件性能不好、机柜加工的有些工序较粗糙等。这些不足之处的发现为后来的银河-I整机研制提供了参考。

总而言之，"785工程"模型机的研制有十分重要的意义：它检验了银河-I系统方案、逻辑设计与工程化设计、元器件的性能与测试指标、结构工艺与通风散热系统、电源系统，以及高密度组装工艺等的科学性、可行性，总结了经验，发现了问题。相当于银河-I主机1/7的模型机研制成功，表明科研人员已攻克了巨型计算机硬件研制中的理论和技术难关，解决了生产工艺等一系列问题。随着模型机的研制与生产，国防科学技术大学的计算机工厂也初步形成了一条亿次级巨型计算机的完整生产线，基本掌握了一整套新的巨型计算机生产工艺，摸索出了组织管理的新方法，这些都为银河-I全系统逻辑设计、工程化设计的进一步完善及整机生产打下了坚实基础。

第三节　主机生产阶段（1980年5月—1981年7月）

1980年5月，"785工程"全面转入主机生产阶段。该阶段历时近15个月，主要工作为质量控制、工艺规范和元器件配套。一年多的时间里，在温度和湿度变化极大的情况下，大部分操作靠手工劳动，全体生产工人以高度的责任心和严格的岗位责任制，克服重重困难，胜利完成任务，实现银河-I整机230多万个焊点无虚焊、挂锡，主机底板工程化设计100%正确。

一、自行生产大部分组件

研制银河-I需要生产数百块大面积的多层印制电路板，并进行高密度组装，使用的绕接、锡焊等工程工艺技术难度极大，国内相关合作工厂都无力承担这项艰巨的任务。因此，国防科学技术大学"785工程"领导小组决定，该任务由本校计算机研究所下属的计算机工厂自行承担。

当时，该计算机工厂按满员时统计共182人，其中3级以上老师傅19人，占总人数的10.4%；技术人员13人，占7.1%；青年工人143人，占78.6%；剩余为管理人员。这样的"小厂体量"要一下跃升到能够生产高技术、高工艺、高质量的亿次级巨型计算机，是十分不易的。学校层面高度重视这个问题，于1980年5月调整了计算机工厂领导班子，任命工厂原政委姚庆模为厂长；组建了印制板车间、焊接车间、机加工车间，成立了生产科、器材科、技术科和厂办公室；从协作单位抽调来多名技术员充实到计算机工厂，解决生产工艺问题，并在本校内新招收了100多名子弟做焊装工人。工厂定期对新入职的青年进行集中培训，由技术专家分别讲授电工、制板、焊接等方面的基础知识；组织厂领导、老师傅和科室人员学习工厂管理基础知识和各项规章制度，迅速完成各项准备工作。

印制板车间担负着银河-I主机49块6层底板、606块7层插件板等印制电路板的生产任务。银河-I中多层印制电路板的工艺要求非常高，如：层压板厚度低于1.55mm或高于1.76mm就得报废；腐蚀线宽只有0.3mm，低于0.28mm或高于0.32mm都不行；金属化孔的孔电阻必须小于$1m\Omega$，绝缘电阻要大于$500M\Omega$（生产初期要大于1000Ω）等。在老师傅和技术员的帮助下，车间全体工人精心操作，仅用1年时间就完成了任务。

焊接是印制电路板生产的中间工序，焊接车间的任务是先将经过筛选的元件和插座，在多层印制电路板上组装成插件板、底板，再用绕接技术组装成银河-I整机。这项工作的难度很大，因为每个多层印制电路板的厚度为1.5～2.0mm、孔径为0.8～1.0mm，要在$1dm^2$（1dm=10cm）的插件板上装焊16个16脚以上的IC组件，并在每个底板上装焊40个86线的插座。此外，焊盘间距为2.54mm，两个焊盘之间只有一条0.3mm的印制线，因此盘与线之间只有非常小的0.7mm间距。姚庆模厂长曾回忆说："这种高密度组装，全部用手工焊接，必须精力高度集中，全神贯注，不能有丝毫走神。焊接时间不够，孔壁透锡不好，易产生虚焊；焊接时间过长，IC组件腿（引脚）多，易被烧坏；操作时必须手很稳，稍有颤抖，就会碰到旁边的导线和组件腿而挂上锡。"该车间全体职工在技术专家指导下排除万难、全力以赴，创造了全机230多万个焊点无一虚焊和挂锡、绕接无差错的奇迹，受到了学校领导及同行的好评。

二、从国外引进小部分器件

早在进行银河-I预研时，研制团队就曾设想过：整个巨型计算机系统，从元器件、原材料，到外围机和外部设备，全部使用国产的；国防科学技术大学负责亿次级巨型计算机全系统的自主设计和主机的自行生产，前端机、外部设备根据整个系统的设计要求，由国内其他兄弟单位协作研制。后来经过广泛、深入的调研，听取国内用户的意见，并对国外已有巨型计算机（特别是Cray-1）的使用情况进行调查后，大家认识到：当时中国的计算机元器件，特别是高速集成电路的研制与生产，在技术、工艺上还没有完全过关；有些关键性的原材料，如生产多层印制电路板的覆铜板，难以达到高质量的标准；外围机和外部设备的生产和加工，在国内也存在不少困难。如果按照原计划全部实行国产化研制，不仅不能保证按时完成工程任务，而且就算把机器做出来了，其工程质量也难以达到巨型计算机设计要求。

1978年3月，邓小平在全国科学大会上指出："认识落后，才能去改变落后。学习先进，才有可能赶超先进。提高我国的科学技术水平，当然必须依靠我们自己努力，必须发展我们自己的创造，必须坚持独立自主、自力更生的方针。但是，独立自主不是闭关自守，自力更生不是盲目排外。科学技术是人类共同创造的财富。任何一个民族、一个国家，都需要学习别的民族、别的国家的长处，学习人家的先进科学技术。我们不仅因为今天科学技术落后，需要努力向外国学习，即使我们的科学技术赶上了世界先进水平，也还要学习人家的长处。"

同年，邓小平还多次提到，"科学技术本身是没有阶级性的，资本家拿来为资本主义服务，社会主义国家拿来为社会主义服务。中国古代有四大发明，世界各国后来不是也利用了嘛！现在世界上的先进技术、先进成果我们为什么就不能利用呢？我们要把世界一切先进技术、先进成果作为我们发展的起点""要实现四个现代化，就要善于学习，大量取得国际上的帮助。要引进国际上的先进技术、先进装备，作为我们发展的起点"。

邓小平的讲话在全国科技工作者中间引起热烈反响，也解放了银河-I 研制团队全体人员的思想，大家彻底摒弃了"国产化，就是连每一个螺丝钉也得要完全中国制造才行"的片面认识。慈云桂代表团队下决心突破"条条框框"，经请示国防科委批准，充分利用改革开放条件，在巨型计算机器材和设备需求上采用"两条腿走路"的方针——凡国内已经生产，而且质量过关的，坚决采用国内的产品；凡国内没有或是不能保证质量的，则暂时从国外引进。

对于银河-I，虽然研制团队决定可以从国外引进一小部分必需的元器件和设备，但当时这些东西不是想买就能买到的。西方对我国一直在实施严格的技术封锁，不准本国企业向我国提供技术先进的高性能工业产品。研制团队必须在上级组织的大力支持下，采取一些灵活方式来完成引进任务。

银河-I 引进有关元器件和设备的决策和实施，是在国防科委领导的关心和直接支持下不断推进和完成的。国防科委副主任张震寰、科技委秘书长李庄、办公厅主任许鸣真以及后勤部部长杨恬等对此都有具体过问。国防科委成立了专门的采购机构，派出多路人马赴境外采购关键元器件和外围机等设备。国防科委还协调海关总署和广州军区设法从境外购买了一小批集成电路芯片和数台性能较高的小型计算机。事实证明，这样做既为整个"785 工程"争取了时间，节约了研制经费，又保证了银河-I 系统性能的高水平，从而走出了一条自力更生和引进吸收结合的"中国特色科研路子"。

第四节　硬件系统调试阶段（1981 年 3 月—1981 年 12 月）

在银河-I 硬件系统调试阶段，研制团队集中解决了三个问题：第一，对插件、底板、焊接点、绕接点等全面细致地反复检查；第二，解决插件测试问题，研制了符合巨型机实际工作，特别是在恶劣条件下工作的测试设备；第三，解决调试工具和方法的问题。

为了确保巨型计算机硬件的质量，"785工程"领导小组成立了质量控制组和产品检验组，建立了严格的岗位责任制，实行全过程质量跟踪控制，把科学求实精神落实到每个环节：一个人设计，三个人审查；生产工艺自检互查，层层把关；调试时每前进一步都严格考核，每项设计、每道工序都必须有人签字负责。

银河-Ⅰ主机是由7个楔形机柜构成的圆柱体，每个机柜可安装7块底板，每块底板最多可插入14个插件，整个机柜共插入606个插件。圆柱体中心内环（机柜背后）是底板，用三扭线绕接将各插件有序地连接起来，4万多根细如棉纱的电线互相缠绕，厚度足有10cm，像一团乱麻，一旦有错将导致整个印制电路板报废。

面对密密麻麻的0.5mm绕接线，当时担任质量控制组副组长的张德芳回忆，"我对绕接工人要求十分严格，进行自检，复检三遍以上，而我亲自又检查七遍以上，做到层层把关，使得逻辑设计后的工程化设计100%正确"。在整个主机生产过程中，他们查遍全机12万个绕接线点和2.5万根机柜间线，出错率不到1%；全机有861块多层印制电路板，每块平均有5000多个金属化孔，对它们全部进行了孔壁检查、孔眼导通测试和绝缘测试。

在巨型计算机硬件系统调试过程中，插件板故障测试工作十分重要。银河-Ⅰ的插件板数量多、质量要求高、工艺技术复杂，特点如下。

第一，插件采用的组件为MECL-10000系列，共29种型号（包含EPROM），其中大部分组件为中等规模集成电路。

第二，插件组装密度高，逻辑功能较复杂，一般一块插件装有几十块组件，有的插件装有109块组件，大约相当于3700个逻辑门。

第三，绝大部分插件为同步时序逻辑。

第四，插件尺寸较大，输入输出引脚多达154条。

如果采用人工测试的话，不仅工作量异常繁重、效率低，而且测试不完全、故障定位很困难。为此，科研人员研制了一套计算机自动测试系统来完成银河-Ⅰ的插件板测试任务。

该自动测试系统是专门为测试银河-Ⅰ控制逻辑插件板而研发的，自1980年11月研制成功以来，就开始对已生产出的479块插件进行了测试。1981年3月后转为全面测试。自动测试系统的硬件部分由MCZ-Ⅰ/20微型计算机、测试台和电源组成；软件部分除微机原有软件之外，科研人员用汇编语言自行编写了银河-Ⅰ插件测试程序、调测试码程序和检查程序等，这些程序均存储在自动测试系统的软磁盘上。测试表明，该系统不但能测试银河-I插件在逻辑功能方面的故障，对于可以反映在功能块引脚上的印制电路板故障（如连线、金属化孔等），它也能检测出来。

正是因为银河-I研制团队创新性地研究出了一整套调试工具和方法，与过去调试一台百万次级计算机所需要的一年甚至几年相比，银河-I硬件系统的分调、联调、正确性调试与考核耗时很短，仅用了66天。

1982年1月，"785工程"主机硬件调试完毕，标志着巨型计算机主体已经完工。时任国务院副总理兼国防科委主任的张爱萍闻讯非常高兴，欣然挥毫泼墨，为我国第一台亿次级巨型计算机正式命名为"银河"（见图3-2），即银河-I（因为后续还有银河-II、银河-III等系列型号），英文代号为"YH-1"。

图3-2 张爱萍为我国第一台亿次级巨型计算机题名"银河"
（来源：国防科技大学计算机学院）

第五节 软件系统的研制与联调阶段（1979年8月—1983年6月）

银河-I的软件研制与调试几乎贯穿"785工程"全过程。面对国际上软件迅速发展和我国软件还比较薄弱的现实，研制团队深知巨型计算机软件研究和开发的重要性，对此必须下大力气解决，他们在这个阶段主要做好了以下工作：调集人员，充实软件研制队伍；采取不同形式，组织全国横向联合和大协作；狠抓软件工程化和规范化；狠抓模拟器和调试工具的开发，争取时间，缩短研制周期；狠抓软、硬件的约定与协调，以及软件设计的审定和阶段成果的检查与考核。

早在785会议上，专家组在审定银河-I总体方案的同时，就已经关注到软件系统研制的问题了。计算机软件专家、南京大学计算机系教授孙钟秀在会上发言："我们要特别重视软件的发展，可不要'欺软怕硬'（对软件研制轻视，对硬件研制重视）！"当时，我国计算机行业普遍对软件的重要性认识不足，确实存在"欺软怕硬"的现象，软件水平与西方国家相比差距很大。

为了解决这个问题，确保巨型计算机的软件质量，根据世界计算机软件技术迅猛发展的动向和国内软件水平薄弱的现实，银河-I研制团队决定把主机与软件共同列为主攻方向，立即启动软件开发工作。得益于"718工程"151机的研制技术积累，科研人员很快就有了一个巨型计算机软件系统设计初步方案，即在151机软件系统的基础上继承与发展。

1978年7月，"785工程"软件协作会议召开，除银河-I研制单位——国防科学技术大学外，二机部、七机部、湖南大学、湖南师范学院、武汉大学、复旦大学等协作单位以及多家用户单位的代表也参加了会议。张震寰在动员中明确指出："软件系统对巨型机十分重要，绝不能搞'瓜菜代'（这是1958年后的一个俗语，意为粮食不够吃，就用瓜菜代替），要下大力气解决。'欺软怕硬'是要受历史惩罚的！"这次会议全盘否定了原先的巨型计算机软件设计方案，确定了要与Cray-1在用户界面上兼容的新方案，并决定要以国防科学技术大学计算机研究所的软件团队科研骨干为基本力量，并从该校其他系所选调了20多名软件人才，同时联合一些兄弟院校及用户单位，积极开展巨型计算机软件研发大协作。经过半年多的努力，他们拿出了一套与Cray-1兼容的软件设计方案。1979年春，国防科委召开专题会议进行审定，对新的巨型计算机软件系统总体方案给予肯定。

方案确定后，面对巨量的软件开发任务，研制团队决定在全国范围内率先采用软件工程方法规范巨型计算机的软件系统研制工作，制定了软件工程规范，对银河-I软件系统研制、应用和控制采用结构化程序设计。

1981年7月，在巨型计算机软件开发最艰苦的阶段，为了排除干扰，"785工程"领导小组联系湖南省委、省军区寻求帮助，把银河-I软件开发人员全部集中到韶山"滴水洞"进行了40多天的封闭攻关，极大地提高了工作效率，完成了大半年的工作量。从此，在重大科研工程中采用的"封闭攻关"方法成为团队的传统法宝之一，在后续银河系列巨型计算机和天河系列超级计算机研制工程中屡建奇功。

1981年下半年，经过研制团队顽强拼搏，功能丰富的操作系统 YHOS（YH-1 Operating System）、与 Cray-1 兼容的汇编语言 YHAL、向量 FORTRAN 语言 YHFT（YH-1 FORTRAN）及两个向量识别器、数字子程序库等一系列巨型计算机软件陆续研发成功。与此同时，科研人员还开发了外围机系统软件，设计了主机通信接口软件，成功解决了磁带数据快速输入输出的难题；在引进的外围机 PDP-11/70 上成功开发出 785 软件工程模拟器，包括逻辑正确性模拟器和效能分析模拟器，使得巨型计算机软件与硬件的研制生产可以并驾齐驱；设计了外围机的支持诊断系统，显著加快了故障排除速度，提高了机器的可维性。

1982年7月26日，"785工程"领导小组组织召开了巨型计算机软件调试动员大会，至次年上半年软件联调结束，程序运行稳定，达到设计要求，全系统交付用户，进入试算阶段。

第六节 试算与国家技术考核、鉴定阶段
（1983 年 4 月—1983 年 12 月）

这是银河-I 研制的最后一个工程阶段，也是进一步提高该巨型计算机系统稳定性和可靠性的关键阶段。

一、内部试算

试算是为了检测机器解决实际问题时发挥的性能究竟如何，该阶段由巨型计算机未来可能的用户单位来实施。银河-I 研制团队的工作主要有：针对试算的组织和算题类型选择来暴露巨型计算机存在的问题，分析其原因，认真加以解决；抓技术测试的组织和测试大纲的制定，创造一切条件，保证对巨型计算机的技术测试是科学、严格的；排除薄弱环节和隐患，全面提高巨型计算机的性能指标。

1983年4月起，总参三部、中国工程物理研究院第九研究所（简称中物院九所）、石油部物探局、中国气象局、鞍山钢铁公司研究所（简称鞍钢研究所）、江汉油田等单位先后参加了对银河-I 的试算。各用户单位都选择了实际需要解决的问题进行试算，如中物院九所选取了二维非定常辐射流体力学数值计算等14个典型且有代表性

的程序进行试算；石油部物探局把日常运行的地震数据处理程序移植到银河-Ⅰ上进行试算，并打印出了地质剖面图；鞍钢研究所选择在银河-Ⅰ上进行高炉炉内煤气流分布的理论计算等问题的求解。经过大量试算，用户单位对银河-Ⅰ的试算结果表示满意，二机部领导王振宇代表试算专家组做出评价："过关了。"

二、全机考核

1983年5月13日，国防科工委在长沙成立"银河计算机国家技术鉴定组"，该组由国防科工委、国家计委、中国科学院、核工业部、石油工业部、电子工业部、中国气象局等29个单位的95名专家和技术人员组成，制定了《"银河"计算机国家技术鉴定大纲》。9月6日—10日，银河-Ⅰ国家技术鉴定组工作会召开，会上完善了技术鉴定大纲与实施细则，成立了7个方面的技术考核组，随即开展了巨型计算机全面技术考核与鉴定工作。

系统正确性是巨型计算机研制成功与否的关键指标。技术考核组经过多次严格鉴定，得出结论："截至（1983年）9月初止，银河计算机除内部试算了500多道各类题目外，还试算了用户大型汇编题18道，标量FORTRAN题22道，向量FORTRAN题2道，其中26道题为全系统正确性考题。26道考题均先后在不同时间计算过3次，数据完全相同，结果正确，精度符合规定，达到了鉴定大纲要求。"

全系统可靠性与稳定性是衡量巨型计算机质量的重要标准。银河-Ⅰ在这方面的考核被分成两个阶段：1983年10月12日—24日，在单道操作系统控制下，连续无故障运行289小时；11月12日—29日，在多道操作系统控制下，连续无故障运行144小时。技术考核组认为："以上结果表明，银河计算机全系统、主机可靠性与稳定性都超过了鉴定大纲的要求。"

对硬件系统的鉴定，主要是测试巨型计算机运算速度是否达到设计要求。鉴定结果表明：银河-Ⅰ具有高速向量运算能力，高效题目运算速度达到并超过40MFLOPS，相当于每秒一亿次以上。

对于软件系统的鉴定，技术考核组通过对银河-Ⅰ配置的操作系统、汇编语言、向量语言及识别器、数字子程序库与诊断系统进行考核测试，认为"均已达到或超过了鉴定大纲要求"。

1983年11月18日，国务院电子计算机与大规模集成电路领导小组批准成立"银河计算机国家鉴定委员会"（简称鉴定委），在当年12月份国家鉴定大会召开前做好了最后准备。

当时，已任国务委员兼国防部长的张爱萍将军得知银河-I巨型计算机圆满完成全机考核、即将通过国家鉴定，他十分喜悦，即兴赋诗一首：

庆祝我国亿次计算机首创成功

亿万星辰会银河，

世人难知有几多。

神机妙算巧安排，

笑向繁星任高歌。

三、国家鉴定

1983年12月4日，银河-I国家鉴定大会开幕式在国防科学技术大学俱乐部礼堂隆重举行（见图3-3），中共中央政治局委员、国务委员、国务院电子计算机与大规模集成电路领导小组副组长方毅，中顾委常委何长工、王首道等党和国家领导人参加了会议。国防科工委科技委主任张震寰担任鉴定委主任，国家计委副主任张寿、中国科学院副院长严东生、国防科工委副主任聂力、国务院电子计算机与大规模集成电路领导小组办公室主任李兆吉、石油工业部副部长李天相、核工业部副部长周平、中国气象局局长邹竞蒙、国防科学技术大学校长张衍8人担任鉴定委副主任。

图3-3　银河-I国家鉴定大会开幕式现场（来源：国防科技大学计算机学院）

鉴定委专家委员到会23人（另有8人因公请假），他们是：国防科学技术大学副校长慈云桂、国家科委顾问闫沛霖、航天工业部（简称航天部）测控公司总工张梓昌、华东电子试验研究所计算室副主任王安耕、中国科学院计算所所长曾茂朝、电子工业部华北计算所周锡麟、中国科学院计算所研究员高庆狮、国防科学技术大学副校长张文峰、国防科学技术大学副政委董启强、国防科工委科技委秘书长李庄、国防科工委后勤部部长杨恬、核工业部九院院长邓稼先、石油部勘探研究院副院长陈建新、清华大学计算机系教授金兰、航天部一院计算站站长高只明、航天部七〇六所所长周在钧、总参第五十六所副所长金怡濂、电子工业部华北计算所副所长陈仁甫、电子工业部顾问郭平欣、核工业部九院西南计算中心副主任林传骝、南京大学计算机系教授孙钟秀、核工业部九局副局长刘杲和核工业部九院九所李德元。

会上，国防科学技术大学副校长、银河-I技术总指挥兼总设计师慈云桂代表团队作了《785工程银河亿次机研制报告》，主要内容有：第一，银河-I的研制过程；第二，研制银河计算机的指导思想、技术策略与途径；第三，银河-I研制中解决和发展的几个问题；第四，几点收获；第五，银河-I是党的路线方针政策和党的领导的胜利，是社会主义大协作的成果；第六，不足之处和今后工作。

国防科学技术大学校长张衍总结了银河-I的研制历程，并报告了六点体会：第一，要正确贯彻独立自主、自力更生的方针；第二，为了赶超世界先进水平，要采用较高的技术起点，自始至终把好质量关；第三，以系统工程的科学方法管理研制任务；第四，实行科研、教学、生产三结合，既促进了银河-I研制任务的完成，又提高了教学质量；第五，加强思想政治工作，树立振兴中华的志气；第六，要有坚强的领导和技术指挥系统，开展社会主义大协作。

同年12月5日，国家鉴定委员会和技术鉴定组深入参观考察了银河-I和有关机房、工厂、展览、资料，认真分组讨论了银河-I全系统正确性、单道YHOS控制下与多道操作系统控制下的全系统可靠性与稳定性、YHOS操作系统、硬件系统技术、系统软件（语言）、诊断程序、数学子程序库这7个分系统考核组的国家技术鉴定报告。

12月6日，在国家鉴定大会闭幕式上，李兆吉代表国务院电子计算机与大规模集成电路领导小组郑重宣读了《银河计算机国家鉴定书》，具体内容如下。

银河计算机是中央一九七七年十一月二十六日批准下达的一项重大国防科研任务，现已研制完成。国务院电子计算机与大规模集成电路领导小组于一九八三年十一月十八日批准成立银河计算机国家鉴定委员会。国家鉴定委员会于一九八三年十二月四日至六日在长沙举行了会议，出席委员共32人。

会议期间，委员们听取了国防科学技术大学张衍校长和慈云桂副校长代表研制单位作的银河机研制报告，高只明同志代表技术鉴定组宣读的《银河计算机国家技术鉴定报告》。银河机全系统正确性等七个技术鉴定小组也作了技术报告。委员们还检查了银河计算机系统，审阅了各项文件和有关的技术资料。

国家鉴定委员会经过认真讨论，认为技术鉴定组的工作是严肃认真、实事求是的，技术鉴定报告中对银河计算机的鉴定是符合实际情况的，委员会决定批准《银河计算机国家技术鉴定报告》。

银河计算机是中国自行研制的第一台亿次电子计算机系统。系统稳定可靠，软件较为齐全，其主要技术指标均达到和超过了鉴定大纲的要求，具有国内先进水平，某些方面达到了国际水平。它的研制成功，填补了国内巨型机的空白，标志着中国进入了世界上研制巨型机的行列。

银河计算机的研制工作，得到了国家各领导机关的亲切关怀与有关单位的大力协同。在整个研制过程中，国防科学技术大学在国防科工委强有力的组织领导下，贯彻执行党的十一届三中全会以来的路线、方针和政策，独立自主，自力更生，充分利用我国对外开放的条件，进口急需的元器件和设备，借鉴国外先进技术，结合我国情况，有所创新，高质量地完成了这项重大的国防科研任务，为发展我国的计算机事业，提供了宝贵的经验。

银河计算机的研制成功，表明以国防科学技术大学计算机研究所为主的广大科研人员是一支勇于进取，能打赢仗的队伍。今后应更好地发展壮大这支教学、科研、生产相结合的队伍，充分发挥他们的作用，使其为我国计算机事业的发展，特别是对巨型机的研究，做出更大的成绩。

国家鉴定委员会认为：巨型计算机是我国四个现代化建设迫切需要的重要设备。银河计算机即将成为我国战略武器研制，航天航空飞行器设计，国民经济的预测和决策，能源开发，天气预报，图像处理，情报分析，以及各种科学研究的强大的计算工具。希望研制单位和有关使用单位通力合作，不断改进和完善银河机系统，加强推广应用，充分发挥银河计算机在社会主义现代化建设中的积极作用，为发展我国的计算机事业作出更大的贡献！

银河计算机国家鉴定委员会

一九八三年十二月六日

国家鉴定大会的最后一个环节，是方毅代表党中央、国务院发表讲话，内容如下。

由全国九十多位专家、学者组成的国家技术鉴定组，经过几个月的辛勤工作，严密组织、认真实施、科学负责、实事求是，顺利地完成了鉴定任务。经过考核，证明我国自己独立自主研制的亿次级巨型计算机，机器性能良好，不少方面达到或超过了国际水平。银河亿次巨型计算机的研制成功，填补了我国在巨型机方面的空白，使我国进入了国际巨型机研制行列，为我国战略武器的研制、科学技术事业和国民经济的发展提供了重要的手段，它的应用，将对加速实现国防现代化、促进我国国民经济建设、推动科学技术事业的发展起到重大作用。

为了加速我国战略武器和常规武器的研制工作，促进四个现代化建设，1977年11月，党中央批准了国防科委的报告，决定由国防科学技术大学负责承担巨型计算机的研制任务。参加银河巨型计算机研制工作的同志们不顾炎夏酷暑、长年夜以继日，齐心协力，团结奋斗。用你们的聪明才智和辛勤的劳动，突破了许多技术上和工艺上的难关，克服了种种困难，终于胜利地完成了亿次巨型计算机的研制任务。为人民立了功，为我国的国防现代化建设和国民经济的发展做出了贡献。

银河巨型计算机的研制工作有几个突出的特点。第一，坚持高标准、严要求，牢固树立了质量第一的观点。银河亿次巨型机的主机使用了几万块集成电路，有上百万条连线、两百多万个焊点。稍有疏忽，又将影响机器的可靠性。你们从总体方案论证、逻辑设计和工程化设计开始就严格把关，对元器件进行严格的检查、老化测试和筛选，并通过严密的质量控制和软、硬件结合的故障与诊断技术，使系统具有高可靠性、可维性和可用性，在考核中取得了主机单道289小时、多道144小时连续正常运行的好成绩。第二，采用了一系列先进技术。银河巨型计算机的研制中，采用了向量运算、多个专用运算部件、流水线技术、向量链接技术和阵列式结构等先进技术。各方面的效果综合起来，大大提高了巨型机的向量运算速度。这些新技术的推广应用，将会对我国计算机工业的发展起到重要的作用。第三，注重软件系统的开发，明确树立为用户服务的观点。一台计算机不能没有软件，没有丰富的软件，也会影响硬件资源和功能的发挥。忽视软件的开发和人才的培养，是我国计算机事业过去一个时期的很大缺陷。为了银河亿次机更好地得到推广应用，充分发挥机器的效率，你们从降低对用户的要求、减少编制程序的时间出发，配置了与银河机硬件相适应的汇编语言、FORTRAN高级语言和它们的编译程序，并向用户提供实用程序和标准数学子程序库。这就充分发挥了机器的效能，必将受到用户的欢迎。第四，体现了社会主义大协作的精神。在银河巨型机的研制中，北京、上海、湖南、湖北等多个研究所、高等院校和工业部门积极支援，有的同志工作调动了，还把研究任务带到新的单位，利用业余时间继续工作，这是十分难能可贵的精神。今天在我们庆贺银河巨型机通过国家鉴定的时候，不要忘记了这些单位和同志们的辛勤劳动和贡献。

当前，一些国防建设和国民经济发展的重大课题，如战略武器的发展、中长期天气预报、卫星图像处理、石油和地质勘探等，都离不开巨型计算机。我国是一个十多亿人口的社会主义大国，必须有自己独立自主的防卫能力，能解决国民经济建设中一些综合性的重大课题。巨型机靠买是买不来的。因此，坚持用自力更生、洋为中用的办法，依靠我们自己的科技力量，搞一些巨型机是完全必要的。现在，电子计算机的研制水平，生产规模和应用广度、深度已经成为一个国家国防和经济实力以及现代化水平的重要标志。银河亿次巨型计算机的研制成功，标志着我国巨型机的发展进入了一个新阶段。希望同志们认真总结你们的经验，再接再厉、继续努力，为我国计算机工业的振兴，为中华民族的振兴做出新的更大贡献。

1984年6月28日，银河-I 荣获中央军委授予的"特等国防科技成果奖"。就在这一年的10月1日，银河-I 模型彩车在北京天安门前参加了"庆祝新中国成立35周年"群众游行庆祝活动（见图3-4），受到党和国家领导人的检阅。当年该模型彩车游行的亲历者之一、原国防科学技术大学计算机系兼研究所纪委委员张云龙动情地说："在1984年国庆大典上，当我们护送着银河亿次级

图3-4　参加"庆祝新中国成立35周年"群众游行庆祝活动的银河-I 模型彩车（张云龙提供）

巨型计算机的模型彩车徐徐通过天安门广场时，内心感到无比激动和自豪，此时此刻在向全世界展示，它是中华民族永不低头的一个有力象征！"

第四章
银河-Ⅰ的总设计师慈云桂及其团队

银河-Ⅰ的总设计师是中国著名计算机专家、教育家、中国科学院学部委员慈云桂（1917—1990）。慈云桂（见图4-1）是中国计算机科学与技术发展的开拓者之一，长期致力于计算机科研和教学工作，主持研制成功以银河-Ⅰ为代表的我国4个代次、26种型号各异的巨、大、中、小型计算机70多台，在我国从电子管计算机、晶体管计算机、集成电路计算机到大规模集成电路计算机的研制开发历程中，做出了十分重要的贡献。

图4-1　银河-Ⅰ总设计师、中国科学院学部委员慈云桂
（来源：国防科技大学计算机学院）

第一节　慈云桂生平

慈云桂的一生，是爱国的一生、战斗的一生、创新的一生、奉献的一生。

一、年少志高苦求学

1917年4月5日，慈云桂出生在安徽省桐城县麒麟镇杨树湾村（今安徽省枞阳县杨树湾镇）的一个农民知识分子家庭，是"皖桐慈氏"的第二十一代子孙。

他的父亲慈昌苪曾念过4年私塾，为人勤奋而精明，为改善生活逐渐弃农经商，省吃俭用把孩子送去读书。母亲吴瑞玲操持家务，疼爱子女，朴实贤惠，乐善好施。良好的家风对慈云桂产生了潜移默化的影响，逐渐熏陶出他毕生爱国的赤子情怀。慈云桂是长子，在他后面还有五个妹妹和两个弟弟。作为长兄，慈云桂除了自身努力学习之外，还经常用"初唐四杰"中王勃的诗句"穷且益坚，不坠青云之志"鼓励弟弟妹妹们奋发成才。几个弟弟妹妹在大哥的表率和带领下，学业和事业都取得了一定成绩，其中二弟慈云祥从北京大学毕业后留校任教，成为我国知名的化学专家。

慈云桂自幼聪慧，4岁熟背《三字经》，5岁入村塾，7岁便能文，8岁会作诗，博闻强记、成绩优异，被乡里颂为"神童"。在家乡"桐城派"等浓郁的历史文化氛围熏陶下，慈云桂从小爱书如命，17岁入浮山中学，后又转入桐城中学，入学后成绩优异，连年名列榜首。19岁时又以第二名考入省重点中学安庆高中，6个学期成绩名列全班第一。1937年"七七事变"爆发后，日本帝国主义发动了全面侵华战争，慈云桂的求学之路从此变得异常艰难。1938年6月，安庆被日军攻陷，当时慈云桂仅在高中学习了一年半，学校就被迫迁往江西九华山。之后，他又随同学辗转皖南、皖西南等地，最后逃亡到湖南湘西，靠当时民国政府的微薄资助度过艰难的高中时光。

1939年7月，慈云桂以优异成绩考取了西南联合大学航空系。由于连续的奔波和逃难生活，慈云桂病倒了，身体极度虚弱。在征得西南联大同意后，他就近借读湖南大学工学院机械系，后转入电机系。在以"千年学府""百年名校"著称的湖南大学，慈云桂除本专业外，还选修了数学、物理方面的课程，不仅各科成绩出类拔萃，而且参加学校的中文、英文和数学大赛连获第一名，受到老师和同学们的爱重。1943年7月，他以优异的成绩从湖南大学毕业，获电机工程学士学位，并被保送到清华大学无线电研究所读研究生。

1943年8月，慈云桂怀着学术梦想来到昆明西南联大，师从著名电子学家、物理学家、教育家孟昭英教授，开始了真空管的装配技术和半导体性能的理论研究。他们的工作不仅为抗日战争胜利做出了重要贡献，而且对中国无线电技术和电子学发展产生了积极的推进作用。1945年底，28岁的慈云桂研究生毕业后在清华大学留校任教。不久后，他请假回家乡探亲，家人希望他留下来。然而，他亲眼看到，虽然日本人被赶跑了，但自己的家乡却与中国其他地方一样，一无所有、疾病流行，国家迫切需要他这样的知识分子显身手、搞建设。于是他说服父母，在家乡的中学代课两个多月后，就启程赶往北平清华园回校报到。

1946年9月，慈云桂担任清华大学物理系助教。他负责与孟昭英教授等一起筹建无线电实验室，在不到两年的时间里，先后开设了13个高水平实验课程。他和导师孟昭英合作开展了"利用空腔谐振器测量波导管阻抗"研究，独立研究并试装了"自动记录游离观测站"，在《清华大学学报》上发表了论文《电抗管调频电路中影响之因素》。1947年1—5月，慈云桂被学校派往英国专门进行雷达技术的学习培训。

全面内战爆发后，北平掀起了如火如荼的爱国学生运动。慈云桂积极参加了中共地下组织领导的革命活动。他在自己未出版的自传中回忆道："那时我相当活跃，我住的单身宿舍内多半是年轻的进步分子，15人中有4人是地下党员，他们闲谈中经常涉及目前中国的政治问题，使我对当前的革命形势有了比较深入的认识，并且积极参加学生游行和几次罢教活动，签名过好几次罢教宣言，发表在平津各大报纸以声援学生运动。还参加了清华大学地下党领导的清华教联会的发起和组织工作，组织领导了反对美援运动。"

1947年秋，在一次去安徽同乡会会长家拜访的活动中，慈云桂偶然结识了自己的桐城老乡、当时在清华大学文学系中国语言文学专业读大三的琚书琴。两人一见如故、情投意合，接触不久就确立了恋爱关系。1948年9月，琚书琴大学毕业两个月后，二人结为伉俪，在清华大学的教工食堂举行了简朴的婚礼。著名美学家、文艺理论家、教育家、翻译家，也是他们的桐城老乡——北京大学朱光潜教授担任了慈云桂与琚书琴的证婚人。

婚后不久，夫妇二人双双获得赴美留学资格。这时人民解放军势如破竹，北平解放指日可待。慈云桂和琚书琴夫妻俩毅然放弃赴美，热情投身革命，多次赴围城部队最前线参观慰问。1948年12月13日，清华园解放，北平市委工作团通过清华地下党领导组织了清华大学"教职工志愿进城工作团"，两人积极报名参加，慈云桂还担任了小组长。1949年1月31日，北平宣告和平解放，慈云桂与琚书琴参加了歌咏队和舞蹈队，载歌载舞地迎接人民解放军进城。同年12月，他们的长子出生了。此后，又有了次子、三子和小女儿。琚书琴一边从事英语教学工作，一边抚养教育子女，成为慈云桂事业的贤内助。后来，他们的三子一女也都成长为计算机技术方面的高级人才。

二、携笔从戎干科研

新中国成立后，慈云桂成为清华大学的讲师。此时，他已萌生了去祖国建设最需要的地方建功立业的想法。1950年1月，大连海军学校（简称大连海校）到清华大学各系动员，招聘军队急需的高级人才。慈云桂与爱人经过思想斗争，最终决定离开清华，参加新中国的海军院校建设。同年4月，慈云桂调动到大连海校工作，被任命为海军指挥系通讯组副教授，承担了雷达和无线电等课程的教学任务。1951年12月，慈云桂被批准光荣入伍，同时改任大连海校第一分校电讯系副主任，从此开始了他为国防军队事业拼搏奉献的戎马生涯。

1953年9月1日，军事工程学院在哈尔滨成立，当时被称为哈军工。其中，海军工程系是该学院最初设置的5个系之一。根据海军部队建设需要，这个系里的专业不断增加，1954年9月增设了雷达专业，迫切需要从全国各地选调雷达专业教员。1954年11月，求贤若渴的哈军工把慈云桂从大连海校"挖"来，任命他为海军工程系新成立的雷达教授会（教研室）主任，负责筹建雷达专业。由于成绩突出，仅4个月后的1955年3月，他就升任海军工程系教育副主任兼雷达教授会主任。1956年12月，慈云桂光荣加入中国共产党。

1957年夏，已成为海军工程系副主任的慈云桂跟随解放军院校参观团访问苏联。当他在苏联第一次看到电子计算机时感到十分震撼，国外科学技术的发展和应用使他眼界大开。回国路上，慈云桂一直在琢磨如何研制中国自己的电子计算机。同行的参观团翻译、海军工程系电气自动指挥专业教员柳克俊也有同样的想法，两人一拍即合。恰好当时海军正提出要研制鱼雷攻击指挥仪，两人共同商量决定尝试采用专用电子数字计算机来完成鱼雷快艇指挥仪研制任务，他们的报告很快得到上级批准。1958年4月，海军工程系成立了由慈云桂领导的9人研制小组，开始研制331机（后称901机）。同年9月28日，我国第一台军用（舰载专用）电子数字计算机——331（901）机研制成功，成为慈云桂科研成就的重要起点，在中国计算机科学技术史上写下了浓墨重彩的一笔。

1961年秋，慈云桂作为中国电子学会计算机代表团副团长赴英国进行学术访问。两个多月里，他们参观了剑桥大学、牛津大学等世界一流高校，参加了多场学术会议，考察了多家计算机公司。慈云桂惊讶地发现，英国的计算机已经全面晶体管化。他敏锐地察觉到，国际计算机发展的主流方向已经发生巨大变化，曾经风光无限的电子管计算机正在迅速退出历史舞台。他马上给学院领导写信，建议立即停止正在进行的通用电子管计算机的研制工作。同时，他利用访英机会大量搜集晶体管计算机方面的资料，并通宵达旦地开始设计工作，终于在回国前完成了一台通用晶体管计算机体系结构方案设计和逻辑电路的初步构思。回国后，在国防科委和军事工程学院的大力支持下，慈云桂带领团队于1965年1月研制成功我国第一台通用晶体管计算机——441B机（见图4-2）。

图4-2　慈云桂（左二）指导441B机调试（来源：国防科技大学计算机学院）

441B机的研制成功和广泛应用在国内产生很大影响，迫使一大批大型电子管计算机项目下马，对中国进入第二代计算机发展阶段起到了关键推动作用。1965年9月，聂荣臻元帅签发国防科委嘉奖令，给慈云桂领导的441B机研制组荣记集体一等功。

1966年1月，慈云桂率计算机代表团再赴英国参观学习。同年4月，我国第一个计算机系——哈尔滨工程学院电子计算机系成立，当时身在国外的慈云桂被任命为该系主任。不久，"文化大革命"开始，慈云桂刚回国，一天系主任也没当就被"造反派"夺了权。他忍辱负重，仍然与同事们一起坚持搞科研。1968年5月，造反派抓住慈云桂，以所谓"资产阶级反动学术权威"罪名宣布对他进行隔离审查。慈云桂白天被关起来学习反省、接受批斗，晚上被放出来时便继续到实验室参加研究工作。1968年12月31日晚，慈云桂被造反派以"重大特务嫌疑分子"罪名关押到"牛棚"，经过整整108天，他以超乎常人的坚强意志经受住了各种折磨迫害，在被释放后很快又恢复了科研工作状态。1970年，慈云桂带领团队坚持完成441B-Ⅲ大型通用晶体管计算机和441C高炮数字指挥仪计算机等的研制任务。国防科委批准为慈云桂领导的441B-Ⅲ机设计组记集体一等功；解放军总参谋部为慈云桂带领团队研制的441C机正式定名为"58式57-1型高炮数字指挥仪"，并将其批量列装到部队，迅速形成战斗力。

1969年11月4日，国防科委在北京召开"718工程"远洋测量船中心处理计算机战术、技术性能方案论证会，刚刚从"牛棚"放出来的慈云桂被指名受邀参会。赴京前，学院革委会领导告诫慈云桂"只许带着耳朵听，不准发言，更不能擅自受领任务"。但在这次会议上，强烈的责任感和使命感让慈云桂把"领导警告"抛在脑后，毅然发表意见，提出采用国产集成电路研制百万次级、双机系统的设计方案，并在与参会专家"唇枪舌剑"的争论中，充分表达了该建议方案的可行性，论据充分，令人信服。国防科委当即决定，把此项任务交给慈云桂领衔完成。慈云桂带领团队面对"文化大革命"冲击，克服学院南迁、技术攻关等种种困难，在长沙东郊马坡岭原省农机校的"养鸭场"改造成的工作间里组织大家开展151机研制任务（见图4-3）。1976年12月，151-Ⅲ型百万次级计算机调试完毕，通过稳定性考核。1979年8月，远望一号测量船安装上151-Ⅳ型双机系统，该机通过了国家鉴定和验收。1980年5月，151机在我国向太平洋海域发射东风某型洲际导弹的试验中，立下了汗马功劳。经国防科委批准，"718工程"151机设计研制组荣立集体一等功。

图4-3 慈云桂（右一）指导151机研制（来源：国防科技大学计算机学院）

慈云桂是一位战略科学家，总是站在国家战略的高度思考中国高性能计算机的研制，紧密跟踪世界计算机技术发展前沿。早在1972年美国刚刚研制成功几台巨型计算机早期系统时，他就迫不及待地向上级建议将巨型计算机研制列入国家科技规划，其间虽然历经波折，但他始终没有放弃。改革开放后，邓小平将这项艰巨任务交给长沙工学院，总设计师慈云桂在花甲之年立下军令状，带领团队日夜奋战，从1978年到1983年，用五年时间成功研制出亿次级的银河-Ⅰ，使我国成为世界上少数掌握巨型计算机研制技术的国家之一，这是慈云桂科研事业的最高峰（见图4-4）。

图4-4　1990年慈云桂在银河-Ⅰ前留影（来源：国防科技大学计算机学院）

三、教书育人树典范

慈云桂不仅在科研方面做出重大贡献，还是享誉国内外的教育家。自1946年任教起，他虽然在不同学校长期担任领导职务，但40多年从未离开过教学岗位，一直坚守三尺讲台，70岁高龄时还在教学一线为博士研究生讲课，一辈子呕心沥血为中国的计算机事业培养人才。

1946年，慈云桂在清华大学承担无线电实验课教学任务的同时，还负责本科生教学辅导，并代替叶企孙教授讲授了120学时普通物理课和80学时无线电课，指导了两名本科生的毕业论文。中国科学院何祚庥院士曾回忆：在清华读书时，慈云桂是他的老师，讲课给他留下深刻印象。

1950年，慈云桂来到大连海校担任副教授，为解决该校因新组建而急缺教材的问题，他与同事合作编写了《雷达技术讲义》《无线电学讲义》等教材，铅印成册供学员使用。4年多时间里，他承担了雷达与无线电课程教学任务，自己动手制作了许多教学模型与电化教学设备，领导建成了雷达和通信实验室，多次带领学生到舰艇上实习，为培养新中国海军初级指挥人才做出贡献。

1954年，慈云桂奉调哈军工后，成为首批三名研究生导师之一（另外两人是赵国华和胡寿秋），指导了他的第一名研究生胡守仁，并先后担任海军工程系和电子工程系教育副主任，分管教学工作。在此期间，他承担了大量授课任务，组织编写了共计100多万字的教材，其中《数字积分机原理、结构与应用》一书，作为当时全国高校交换教材再版3次。1958—1966年，在筹建哈军工的计算机专业和电子计算机系的过程中，慈云桂身先士卒，发挥了重要领导作用。1966年，慈云桂成为我国第一个计算机系的创系主任。

1970年，哈尔滨工程学院南迁后更名为长沙工学院，慈云桂任电子计算机系（研究所）负责人，在主抓科研工作的同时兼顾教学工作。1978年，长沙工学院更名为国防科学技术大学，慈云桂担任计算机系兼研究所主任。他主导建立了计算机硬件及应用教研室和计算机软件教研室，主要从事教学工作，并提出"把教学搞得同科研一样好"的要求，为此还从科研岗位上抽调了一些骨干加强教学力量。当时被抽调的科研骨干之一、后来担任国防科学技术大学分管教学副校长的齐治昌教授回忆："一开始，我们到处去听课，看看人家怎么讲，我还把国外大学的教学计划拿来，看看都开哪些课。一看啊就发现我们的差距了，许多课程都没听说过，什么离散数学、数据结构、数据库、人工智能等，这些课啥内容我们都不知道。当时我们就到新华书店找影印教材，到北京图书馆复印教材，老师们抓紧参加教育部的培训班，这样下来我们的水平就提高了。所以我认为，慈主任把教学科研一起抓这个决策是非常正确的。"

1979年，已经兼任国防科学技术大学副校长的慈云桂组织计算机系的教师先后到清华大学、北京大学、上海交通大学、复旦大学等十多所国内知名高校调研考察，同时他还吸收国外大学的教学经验，亲自参加教材编写提纲的审阅工作。在银河-Ⅰ研制最紧张的1980年，慈云桂仍明确向科研人员提出："科研要同教学相结合，否则都提不高。亿次机的资料，可以给学员讲。"

1973年和1977年，慈云桂先后当选为中国共产党第十次和第十一次全国人民代表大会代表。1980年11月，慈云桂当选为中国科学院技术科学部学部委员，是当时中国科学院仅有的两位计算机专业学部委员之一（另一位是同年当选的高庆狮）。后来在慈云桂的培养和带领下，他的部下和学生中先后涌现出中国科学院院士周兴铭（1993年当选）、杨学军（2011年当选）、王怀民（2019年当选），中国工程院院士陈火旺（1997年当选）、卢锡城（1999年当选）、宋君强（2013年当选）、廖湘科（2015年当选）7位两院院士。

1981年11月，国防科学技术大学"计算机组织与系统结构"学科专业获国务院首批博士学位授予权，慈云桂成为该专业首位博士生导师。在学业上，他对自己的学生要求十分严格，规定博士生必须在国内外核心期刊发表3～5篇论文，并非常强调创新精神。他对学生的每一篇论文、每一本书稿都要亲自审读，甚至对其中的文字、标点错误都一一仔细修改。他鼓励学生保持学风民主，大胆进行学术探讨和交流。慈云桂带的硕士和博士、后来担任国防科学技术大学计算机学院副院长的王志英教授回忆道："慈老师喜欢在非常宽松的学术环境下指导学生。他会尽量为我们准备充分的条件，让我们发挥主观能动性。比如我做硕士论文时，银河-Ⅰ刚研制成功，还处在鉴定阶段，尚未正式运行，我们就成为第一批使用者，在银河-Ⅰ上做论文。我读博士时，IBM的PC机刚问世，价格昂贵，慈老师毫不犹豫地为我们购买，支持我们搞科研，并派我去美国参加学术会议，接触国际前沿。慈老师工作很忙，年事已高的他还给我们亲自上课，带我们研读资料，探索最新学科动态。正因为有慈老师的悉心指导和培育，我们的学术水平才较快地达到国际前沿水平。"

在学生眼里，慈云桂不但是严师，还像慈父一样，他在各个方面都十分关心学生们的成长。当学生碰到思想或生活上的问题时，慈云桂总是耐心地找他们促膝谈心、解开疙瘩，同时尽可能地帮助他们解决各种困难，使他们振作起来继续努力。有一次，慈云桂在审阅一批研究生的毕业论文时，突然在一名普通学生的文章封面上批语"此人要想办法留下来"，这名同学后来逐步成长为"银河－天河"系列超级计算机的总设计师，担任了国防科学技术大学校长，并当选中国科学院院士——他就是现任（2017年7月起）我国军事科学院院长、被授予解放军上将的杨学军教授。

自20世纪50年代起，慈云桂累计培养了10名博士、20多名硕士。他的学生遍布国内外，都在各自领域做出了杰出贡献。在这些学生中，不仅有两院院士、知名院校和科研机构的教授，还有党和国家的领导干部、解放军的高级将领，多人成为博士研究生导师，获全国全军优秀教师称号、获国家科技进步奖或发明奖、享受国务院政府特贴，等等。

在自己家里，慈云桂对子女也是言传身教。在哈军工任教时期，所有教授子弟中平时穿着最"寒酸"的恐怕就数他家的孩子们了。慈云桂从不给自己的儿女打扮，然而亲戚朋友家的孩子有困难了他却乐于相助，经常亲自到邮局给老家一些穷亲戚的孩子寄上一二十块钱。妻子因孩子多、负担重，常为这些事与他争吵，慈云桂却对妻子和孩子们说："一听说谁没钱上学我就很心酸。几块钱、十几块钱就可能拯救一个人才，没钱也可能毁掉一个人才。"慈云桂的长子慈林林深情回忆父亲时说，1968年10月他作为知青去北大荒黑龙江生产建设兵团前，父亲破天荒到火车站送行，并对他讲："咱们家祖祖辈辈种田，你的曾祖父去世时脚上还沾有黄泥，到了我这一代咬着牙念了书出来了，现在你又去当农民了。不管怎样，到了农村再苦再累也不要忘记念书。不论干什么都不要离开知识，不要只靠冲动，要为国家和人民做些贡献离不开知识……"慈林林后来逐渐明白了父亲的良苦用心，刻苦学习，从中国人民解放军第二炮兵（简称二炮）工程学院计算机软件专业硕士毕业，先后担任原二炮指挥控制中心总工程师、研究所所长、装备研究院院长，被授予少将军衔。慈云桂的次子慈新新，从国防科学技术大学计算机专业毕业后留校任教，在华东计算所攻读硕士学位，之后又到总后科技研究所工作，现在是清华同方公司返聘的计算机高级工程师。慈云桂的三子慈向荣，从国防科学技术大学计算机专业硕士毕业后赴美国明尼苏达大学读博士，毕业后在国外一家IT企业工作。慈云桂的女儿慈俊红，从桂林电子工业学院电子仪器专业毕业后到信息工程大学北京计算中心从事计算机系统的维护工作，目前在一家国际银行就职。

四、老骥伏枥心不已

20世纪50—80年代，慈云桂先后在国内多个重要学术科研机构中担任高级职务。例如，他曾任国防科工委计算机顾问组组长、国务院电子振兴领导小组计算机顾问组组长、国务院学位委员会计算机学科学位授予权评审组委员、国家科学技术与发明奖评审委员会国防组委员、中国自然科学基金会计算机学科评审组委员、中国计算机学会副理事长和名誉理事、中国计算机学会新一代计算机工作组组长、电气电子工程师学会（Institute of Electrical and Electronics Engineers，IEEE）高级会员，担任《中国科学》《中国电子学报》《计算机学报》《计算机研究与发展》等学术期刊编委，及荷兰FCGS杂志国际编委、荷兰《科技导报》的中国编委等。

1980年11月，在银河-Ⅰ研制进入关键核心技术攻关阶段时，慈云桂当选中国科学院技术科学部学部委员（后称院士），他成为国防科学技术大学追溯至1953年哈军工创建以来的首位院士。

1983年12月，银河-Ⅰ研制成功后，在国内外引起很大反响，总设计师慈云桂更是名扬四海，许多业内人士和媒体称他为"中国巨型计算机之父"。慈云桂对此却十分谦虚，他曾明确表示："'中国巨型计算机之父'我不敢当，这种说法不好。中国发展计算机靠的是群体的力量，我最多算得上是中国最早从事计算机研究工作的科学家之一。"

后来，中国科学院组织编写中国现代科学家传记，慈云桂入选第一集。他的撰稿人是北京理工大学刘明业教授。出版社的规定十分严谨而规范，撰文须经被撰写人亲自审阅并签字同意才行，撰稿人也必须署名承担责任。刘明业最初拿出的稿子多有溢美之词，慈云桂看了后表示不同意。无奈之下，刘明业只好删掉一些慈云桂认为"过头了"的语句，慈云桂再看后还是不满意，只签了个"基本同意"。稿子送到出版社，责任主编张鸿林先生拒收，刘明业只好再作删减，直到慈云桂认可签字"同意"，稿件才被接收。

1985年3月，68岁的慈云桂调任国防科工委科技委常任委员（副兵团职），全家迁往北京，同时继续兼任国防科学技术大学教授、博士生导师。在国防科工委科技委副主任钱学森的直接领导下，慈云桂担任计算机顾问组组长，以自己多年在计算机科学与技术领域的理论探索与实践经验，在更高层次上为国民经济与国防建设出谋划策、贡献力量。

1986年，慈云桂与胡守仁在《电子学报》上发表了《关于加速发展我国计算机技术，迎接世界新的技术革命的对策》等6篇文章，与吴泉源在《光明日报》发表《迎接世界新一代计算机的挑战》一文，同时带领中青年教师学术团队和博士研究生先后在国内外核心学术刊物和国际学术会议发表论文40余篇。1987年6月，作为中国计算机学会新一代计算机专业组组长的慈云桂，在杭州组织了"人工智能与计算机"高端学术会议，对新一代计算机作了全面深入的研究探讨。慈云桂及其团队的一系列学术成果在业界同行中产生了重要影响，积极推动了我国新一代计算机研究。

1988年9月，慈云桂作为中国计算机代表团团长第二次率团出访日本，出席在东京举办的"第三届第五代计算机系统国际学术会议"。1988年10月和1989年11月，他先后两次率团访问美国，参观了美国斯坦福大学、MCC联合风险投资公司等多家高校和企业，重点考察美国巨型计算机发展情况。慈云桂深感世界计算机技术发展之迅猛，更加坚定了加快推进中国新一代高性能计算机研制的决心。

1988—1990年，古稀之年的慈云桂没有停下探索的脚步。他总结自己和弟子们近年来的研究成果，与其博士研究生张晨曦、孙成政、王志英等合作出版了 *Research on Frontiers in Computing*，*New Generation Computing: Recent Research*，*New Generation Computer Systems* 三本有价值的英文专著，阐述了在新一代计算机和巨型计算机领域取得的重要学术成果。其中，60万字的 *Research on Frontiers in Computing* 由清华大学出版社出版。经专家认真评审，Springer-Verlag 出版社认为此书学术价值很高，愿意高价购买版权，但因版权关系慈云桂未同意转让。50万字的 *New Generation Computing: Recent Research* 被荷兰 North Holland 出版社专家评委会一致认为是一部高水平的科技专著并出版。这些著作中，慈云桂关于串行与并行的逻辑推理机体系结构等计算机技术的创新性论述，引起了国际同行专家的重视。美国著名计算机专家 Stone 教授曾对此做出评价："慈云桂及其同事们对新一代计算机做出了巨大的贡献。他们的工作无论在广度上还是深度上都是非常突出的，并将对该领域的发展方向产生影响。将来看到实际的新一代计算机系统出现时，我们很可能会发现（慈云桂）书中所论述的思想在这些系统中得到了应用，这对于影响全世界来检验和应用在中国取得的研究成果，将起到重要作用。"

1990年7月17日，慈云桂一整天都在北京京西宾馆参加国务院学位委员会计算机科学与技术评审组会议。晚上回家后，劳累了一天的慈云桂刚坐下来打开电视看新闻联播，突然心脏病发作，倒在沙发上昏迷不醒。经中国人民解放军总医院（简称301医院）4天4夜抢救无效，慈云桂于7月21日不幸病逝，享年73岁。

1990年8月24日，国防科工委在北京八宝山革命公墓礼堂隆重举行了慈云桂遗体告别仪式，江泽民同志等领导人送了花圈。同年10月，原本应由慈云桂带队参加的在美国华盛顿召开的"第二届国际人工智能工具会议"，只剩浙江大学何志钧教授和国防科工委指挥技术学院耿鼎发教授两人代表中国前往出席。这次国际会议开始之时，大会执行主席 W. T. Tsai 教授临时将第一项议程改为："全体起立！向世界著名的中国计算机科学家慈云桂教授肃立默哀。"

慈云桂走了，但他开创的"银河"事业不断前进，形成了以"胸怀祖国、团结协作、志在高峰、奋勇拼搏"为内容的"银河精神"来激励后人。40多年来，国防科学技术大学计算机学院在慈云桂率队研制成功银河-Ⅰ的鼓舞下，相继研制出银河系列巨型计算机（银河-Ⅱ、银河-Ⅲ等）和新一代天河超级计算机（天河一号、天河二号）等一批重大科研成果，使我国高性能计算机从实现"零的突破"到跃上"世界之巅"。他们获特等国防科技成果奖1项、国家科学技术进步奖一等奖6项、国家技术发明奖二等奖1项、军队和部委科技进步奖一等奖70余项，并被中央军委授予"科技攻关先锋"荣誉称号，为我国高性能计算机和信息技术发展不断做出新的贡献。

2017年4月14日，国防科学技术大学举行了"纪念慈云桂教授诞辰100周年座谈会"（见图4-5）。当时，中国科学院院士、国防科学技术大学校长杨学军，中国科学院院士周兴铭，中国工程院院士卢锡城，慈云桂长子慈林林，计算机学院老领导、老专家，慈云桂教授生前同事、学生代表，以及学院教职员工代表共60余人参加了座谈会，本书作者也有幸受邀参会。

图4-5　纪念慈云桂教授诞辰100周年座谈会现场（本书作者摄）

杨学军院士在最后讲话中说："慈云桂教授光辉的一生，集中体现了共产党人的坚强党性和高尚道德风范，集中体现了老一代科学家拳拳报国之心，集中体现了老一辈科大人、银河人赶超世界科技先进水平的凌云之志。慈云桂教授在为中国计算机事业，特别是银河巨型计算机事业奋斗中表现出来的坚定理想信念、强烈机遇意识，高超学术水平和崇高思想品德，都是我们办学治校极其宝贵的精神财富。我们深切缅怀一代宗师慈云桂教授，就是要学习他热爱祖国、献身祖国的崇高风范和热爱科学、追求真理的执着精神；就是要学习他志在创新、勇攀高峰的进取精神和放眼世界、高瞻远瞩的战略思维；就是要学习他以人为本、教书育人的师者风范和知人善用、广纳贤才的宽广胸襟；就是要学习他生命不息、奋斗不止的坚强意志和鞠躬尽瘁、死而后已的高尚品德。"

第二节 慈云桂在银河-Ⅰ研制中发挥的作用

作为总设计师，慈云桂在银河-Ⅰ研制过程中精于筹谋、勇于争先、敢于担当、善于创新，发挥了不可替代的作用。

一、未雨绸缪巧打算

1972年前后，美国研制成功ILLAC-Ⅳ、TI-ASC、STAR-100等峰值速度能够达到亿次级以上的早期巨型计算机系统，在世界上名噪一时。

当时身处长沙农机校养鸭场、正在研制151机的慈云桂，正密切关注着世界高性能计算机的发展态势。得知美国研制出多台巨型计算机后，他抓紧利用到北京开会的时机，找到国防科委科技部四局局长李勇汇报，迫切建议尽快研制中国自己的巨型计算机。

回长沙后，大家听说慈云桂建议国家搞巨型计算机项目，都很不理解。有人说百万次级的151机刚上马，又想着搞亿次级的巨型计算机，真是异想天开。慈云桂不管这些议论，一边组织151机攻关，一边做着巨型计算机研制的技术准备。他经常拿出一些资料给吴泉源等年轻教员看，让他们整理出来，写出论证报告，向国防科委递交。慈云桂鼓励他们要"这山望着那山高，眼光要长远，要始终盯着国际上，特别是美国的计算机技术发展情况"。

1972年夏，国防科委副主任钱学森主持召开了两次巨型计算机专家论证会。慈云桂在会上强烈主张，研发巨型计算机事关国防建设与国民经济长远发展，应立即列入国家科研计划，该建议得到与会领导和专家的一致同意。10月，国防科委召开常委扩大会专门研究巨型计算机问题，慈云桂受邀参会。会议介绍了当时国际上巨型计算机的发展状况，分析了我国开展巨型计算机研制的有利条件和不利因素，并责成慈云桂代表国防科委向中央专委起草报告，建议将巨型计算机研制列入国家重点工程项目。但由于"四人帮"的干扰破坏，报告迟迟没有下文。直到1975年，在邓小平领导下，国防科委主任张爱萍在国防科技和国防工业系统开展恢复性整顿工作，慈云桂感到巨型计算机研制有希望了。

胡守仁教授回忆："1975年春夏的一个晚上，慈云桂教授突然来到北京友谊宾馆北配楼找到在那里开会的尚法尊同志，谈到他对研制更高级的计算机有个新想法，如果实现了，将大大提高计算机性能，实现巨型机。他很想把这个想法汇报给张爱萍主任，希望得到支持。于是尚法尊马上给张爱萍的秘书打电话，谈了慈云桂教授迫切要见张主任的心情。第二天，张爱萍接见了慈云桂，听取了详细汇报。慈云桂十分喜悦，表示要马上回长沙做方案。过了几天，慈云桂教授得知张爱萍主任去南方开会，他也赶去了，又向张主任作了汇报，谈了进一步的设想。"

1975年10月，张爱萍主持召开国防科委专题会议，决定启动巨型计算机研制工作，并指派慈云桂为组长，开展第一次全国调研。1977年10月，慈云桂又组织了第二次全国调研。正是在第二次调研期间，石油部的同志向慈云桂汇报了"巴统会"为计算机建玻璃屋"卡中国脖子"的事。慈云桂听后愤慨不已，那时就暗下决心一定要搞出巨型计算机来，为中国人争一口气。

二、底气过硬争任务

长沙工学院最后能争取到研制亿次级巨型计算机的任务，与慈云桂本人主观上的积极争取有很大关系。慈云桂一直为此做着准备，之前多次向国防科委汇报时就表达了争取研制巨型计算机任务的渴望。第一次全国调研后，他当面向张爱萍主任和钱学森、张震寰、朱光亚副主任汇报，阐述他关于研制巨型计算机的构想。原国防科学技术大学计算机所电路研究室主任彭心炯回忆："当时慈教授带着我和陈立杰到北京汇报，积极争取巨型机研制任务。慈教授一人进屋，我俩在外面等着。汇报完后我们赶紧问他：怎么样，能上不？慈教授高兴地说：有希望，能上！"

第二次全国调研期间，慈云桂带着张德芳初步设计了一份"系统结构图"，向有关部门征求意见。调研结束后，他汇总各方面情况，经国防科委批准，向中央起草了关于开展亿次级巨型计算机研制的请示报告。1977年11月26日，党中央批准了国防科委《关于研制巨型电子计算机事》的请示报告，同意开展巨型计算机研制工作，但并没有确定具体由哪家单位来搞。同年12月20日，张爱萍邀请中国科学院、二机部、四机部、七机部等单位领导，传达了中央对报告的批示，听取大家的意见和建议。会上，中国科学院提出了可以由他们研制亿次级巨型计算机的设想；而四机部领导则反映上海市、北京市、黑龙江省、江苏省等地的电子系统都提出要搞巨型计算机。全国方方面面都提出请战要求。1978年1月5日，四机部使用红头文件向中央呈送了《关于统筹安排亿次计算机研制任务的报告》，希望争取研制任务，但其研制周期较长，向国家申请经费达4亿～6亿元之多。三天后王震副总理批示，认为此报告可行，并通过军委秘书长罗瑞卿报呈邓小平副主席批示。

眼看兄弟单位纷纷请战，抢着搞巨型计算机，慈云桂非常着急。1978年1月29日，他再次通过国防科委向邓小平副主席、王震副总理、方毅主任呈交了《关于安排研制亿次计算机情况报告》，表明自己所在的长沙工学院电子计算机研究所有研制151机等大型计算机的丰富经验，具备研制亿次级巨型计算机的技术实力，且已经完成亿次级巨型计算机的总体方案初步论证工作，预计研制周期为5年左右，可以马上开展研制工作；在生产、组装、调试及维护、应用、人才培养等方面，具有其他科研单位所没有的优势；可以大力协同，邀请中国科学院、电子工业部等兄弟单位的有关所、厂共同承担研制任务；所需经费大约2亿元，由国防科委内部调拨经费支持巨型计算机的研制，不用国家再拨专款。据此，慈云桂恳请党中央考虑把研制任务交给长沙工学院。长沙工学院隶属国防科委，自己的单位熟悉情况，指挥、检查、拨款等都比较方便，张爱萍主任也大力支持慈云桂争取研制巨型计算机的任务。

1978年3月4日，邓小平在中央部署巨型计算机研制会上亲自把研制亿次级巨型计算机的任务决断给长沙工学院。慈云桂激动不已，当着张爱萍的面立下"军令状"："我今年60岁了，就是豁出老命也要把亿次巨型计算机搞出来！我保证每秒亿次，一次不少；五年时间，一天不拖；两亿经费，一分不多！"1983年银河-I鉴定时，运算速度达到了1亿次/秒以上；从1978年到1983年，银河-I研制时间实为5年；银河-I的经费预算为2亿元，采取的是实报实销，据1984年6月13日国防科学技术大学向国防科工委提交的《"银河"巨型机经费执行情况报告》，银河-I研制的实际开支为35 264 684.49元（包括引进20台磁盘机和6个盘控的开支，共计257 800元），总共花了不到5000万元，为国家节省经费约1.64亿元。

三、重大决策敢担当

慈云桂带着巨型计算机研制任务从北京回到长沙后，却听到不少怀疑、否定甚至谩骂的声音。有部委领导在北京的一次大会上公开说:"如果慈云桂能做出巨型机来,我把人民大会堂腾出来给他当机房用。"国防科委测通所一名技术员还给中央写信,说"我国根本不可能、也没有条件现在搞出亿次机。长沙工学院计算机研究所才一百多人,有的大院大所上千人都搞不出来,国家把这么重大的任务交给一个小小研究所是不负责任的"。这封信送到了邓小平手里,他批示转国防科委,最后转到慈云桂手里。国防科学技术大学的校内有人说风凉话,说计算机研究所的人只是"一群无线电爱好者,只能装装收音机,不可能研制成功亿次机"。计算机研究所里人员思想也不统一,因为当时科研实验条件比较差,设备老化,经过南迁一折腾,条件更差了,大家对"亿次机"这样的"大任务"比较怵头。

在任务艰巨、流言蜚语不绝、人心浮动的紧要关头,慈云桂却信心十足,他鼓励大家说:"别管他们!嘴长在别人身上,他们想说啥咱也挡不住。关键是我们要争气!等我们把机器搞出来了,他们自然无话可说了。"慈云桂顶住各方压力,领导全体人员统一思想、集中力量、迎难而上,上报学校力推"785工程"动员大会迅速召开,启动了亿次级巨型计算机的重大研制任务。

银河-Ⅰ变更技术路线,推翻原有成熟的总体方案,最终改为借鉴Cray-1设计思想的新方案这一重大决策,是慈云桂大胆拍板的。原先,研制团队基于自身丰富的经验积累、国外有成熟模式参考、系统可靠性和研发风险相对稳定可控等种种有利因素,提出走传统的技术路线,采用双中央处理机体系结构的关键核心技术来实现亿次级向量计算目标,这是完全可以实现的。但是,当接触到Cray-1的有关简介并详细分析后,慈云桂发现Cray-1具有设计思想新颖、指令系统简洁精练、机柜高密度组装工艺精湛、外形外设简约易用等优势。如果能够借鉴Cray-1,特别是能够与Cray-1实现兼容的话,可以使银河-Ⅰ研制工程从一开始就站到国际前沿,既可节约研制经费,又能保证银河-Ⅰ整体系统性能的高水平。于是慈云桂大胆决策,以一己之力说服整个团队,毅然将方案改为全面学习、借鉴Cray-1的新技术路线,关键核心技术采用单中央处理机双向量阵列体系结构,与Cray-1指令级兼容的新方案。周兴铭院士对此曾说:"慈先生领导总体方案设计论证组,经过深入研究,认为Cray-1的设计思想将是新一代巨型机的杰作,当即决定推翻以前的方案,把我们的瞄准点转向Cray-1。这样就大大提高了我们的研制起点……慈先生过人的胆略和远见卓识,永远是我们学习的榜样!"

对于银河-Ⅰ采用全流水线化的单中央处理机双向量阵列体系结构,慈云桂的主张起到了决定性作用。他认为我国首台巨型计算机既要瞄准国际前沿，不保守落后，又必须立足中国实际，不盲目蛮干，能够实现。他曾这样形容："一路纵队变成两路纵队，同时链接运算，这样既保持机器主频不变，又能使运算速度变成两倍……"这些都充分体现了慈云桂实事求是的精神和求真务实的作风。

对于银河-I 采用双向量阵列体系结构容易引起访问存储体冲突、无法保证双向量数据流量连续性的关键技术难题，慈云桂受 BSP（Burroughs Scientific Processor）计算机启发，创造性地提出了素数模存储体交叉访问的构想。原国防科学技术大学计算机所运控研究室主任杨晓东教授回忆，当时他对素数模的理解还不是很深，通过与慈教授等人讨论，互相启发，搞清了它的原理，并导出了素数模等效模数公式，找到了素数模地址变换的快速简易算法，设计了地址变换硬件实现逻辑，实现了模31和模17的无冲突访问存储系统，圆满地解决了这个难题。模31的元器件数虽然仅比模32少了1/32，速度却提高了40%；模17的元器件数仅比模16增加了1/16，速度却提高了50%。

对于银河-I 引进国外部分元器件这个重要举措，慈云桂是第一带头人。当时对巨型计算机逻辑电路的选择有两种意见：一些人主张用 ECL 大型集成电路，因为巨型计算机运算速度那么快，肖特基晶体管晶体管逻辑（Schottky Contacts Diocle Transistor-Transistor Logic，STTL）电路的速度达不到；而电路设计负责人彭心炯则主张继续使用151机的STTL电路，因为ECL电路功耗高，而且STTL电路已经形成了一个比较完整的中小规模电路系列。然而慈云桂心里十分清楚，新一代巨型计算机的要求非常高，必须使用比STTL电路更加先进的ECL大规模集成电路才能实现，而当时国内的ECL大规模集成电路生产水平还比较低，光靠自己生产不行。大规模集成电路，特别是存储器等关键元器件一定要从国外进口，否则无法完成任务。但在当时的国内环境下，提出进口国外的设备很容易被国人指责为"崇洋媚外"。慈云桂下定决心，顶着被骂的风险去北京找国防科委张震寰副主任当面汇报，并试探性地提出从国外引进部分元器件的想法。张震寰明确回答，如果国内不赶趟，元器件可以进口，工程上急需的就进口。张震寰的话让慈云桂吃了"定心丸"，回来后花了很大精力做通集成电路组科研人员的思想工作，立即中止了现有部分集成电路的研制，改为从国外引进。

对于银河-I 的设计自动化和生产自动化设备及系统的研制，开始的计划也想走国外引进的路子，但为此需要增加120多万美元的花费，引进周期至少一年半，可能会影响巨型计算机的研制进度，研制团队意见不统一。这时，慈云桂果断决定：首要坚持自主研制，同时做好引进自动化设备的调研。他指导自动化研究室主任李思昆等人，日夜加班，终于在7个月内自行赶制成功巨型计算机印制电路板自动照相设备，用一年多的时间完成了印制电路板自动钻孔和自动测试设备的研制，这些设备在银河-I研制中发挥了很大作用。李思昆教授回忆说："银河-I成功鉴定后不久，慈主任找我谈话说，设计自动化这块一定要搞上去！改革开放形势下，CAD还是要走引进、消化、吸收、创新的发展路线，你们研究室做个CAD设备的计划，我帮你落实经费。事后慈主任带着我和系设备器材科董三友科长一起到北京，在国防科工委机关整整跑了一天，办完引进设备的所有审批手续，落实了经费500万元，为我们后来研制银河-II巨型计算机的CAD系统打下了很好的基础。"

对于银河-I软件系统的研制，慈云桂深知国内软件水平与国外相差甚大，因而做出对主机与软件同等重视的重大决定，并在软件总体组成立之初兼任组长，亲自抓软件开发工作。在20世纪70年代末80年代初，慈云桂率领一个庞大的软件队伍开创性地完成了并行算法、并行化程序设计、并行操作系统、大型诊断系统和向量化、优化的FORTRAN编译系统等的研制和实现，并在我国首先采用软件工程化的方法，完成了近200万行结构化的程序设计任务。同时，他还率领软件队伍研制了多种模拟仿真软件、多种软件工具和8种库软件，给银河-I配备了一个高效率的程序设计支撑环境和软硬件测试、调试手段。

四、技术攻关讲民主

慈云桂在事关银河-I研制的重大问题上敢于决策，他并不独断专行，而是在平时技术攻关中充分发扬民主作风，经常召开"诸葛亮会"，组织科研人员集体讨论研究后再深思熟虑做出决定。当年参加过银河-I总体方案论证设计的周兴铭院士回忆道："在学术上，慈教授非常注意听取各种不同的意见。无论是搞方案，还是遇到技术难关要想办法解决，他总是发扬民主，让大家充分发表意见，他最后总结。他的才能就表现在最后的总结做得非常准确，做得大家都服气，而且事后证明他的决策是对的。在我的印象中，好像没有瞎指挥、决策错的。"

在提出素数模存储体交叉访问构想来解决流水线化双向量阵列体系结构访存冲突问题时，慈云桂组织杨晓东、陈福接、王兵山、吴泉源等研制团队成员多次讨论，并从工程实践中提炼理论。1981年，他指导杨晓东就此撰写了"An Analysis of A New Memory System For Conflict-free Access"和"A Fast Division Technique For Constant Divisors"两篇学术论文，分别发表在《中国科学》1983年第2期和1984年第9期中，还在国际并行处理会议上做了大会报告，论文被收录在《国际并行处理会议论文集》中。这两篇论文当时在国内外引起轰动，也是那一年国防科学技术大学仅有的EI检索论文。

1981年7月，软件开发人员在韶山"滴水洞"紧张地进行封闭攻关期间，慈云桂代表学校领导看望大家，并组织大家进行了气氛宽松的技术讨论。到了周末，大家鼓动慈云桂和刚获批准备出国的陈火旺两人请客。慈云桂身上一般不多带钱，他想着啤酒价格便宜，就抢先说"我买啤酒"，陈火旺说"那我买白酒吧"。结果由于天热，大家喝了很多啤酒，白酒却没怎么动。慈云桂开玩笑说："亏大了，亏大了"。在慈云桂的关怀和带动下，软件组参研人员一鼓作气、顽强拼搏，很快把功能丰富的操作系统YHOS、与Cray-1兼容的汇编语言YHAL、向量FORTRAN语言YHFT和两个向量识别器、数字子程序库等一批银河-I软件陆续开发出来。

雷勇先生所著《慈云桂传》一书中对此有精彩评价：

慈云桂尊重创造、尊重知识，推崇技术民主，秉承"科学没有皇帝，干大事业不能搞小作坊，搞高科技不能用师傅带徒弟"的理念，大家一起干科研。这就是他的大科学观。在研制工作中，对于总体方案论证和重大问题的决策等，他总要召开会议讨论研究，以自己高瞻远瞩的见解启发大家，又能耐心听取建设性意见，最后统一思想，使大家感觉到工程任务的决策包含了自己的意见，因而能够心情舒畅、更加自觉地贯彻落实。作为一个型号的总设计师，慈云桂方方面面都有自己比较成熟的见解，有解决许多重大问题的主张，在交代工作任务的时候，作为技术建议他一一交给下属，既不封锁，也不技术专制。他善于组织，善于抓住主要矛盾，重大攻关与群众一起干，最困难的时候亲自动手干，干中出了差错敢于承担责任。对此，部属们心服口服。

五、大功告成释心怀

1983年12月6日，银河-I国家鉴定大会结束当晚，国防科学技术大学举行了一场简朴的庆祝酒会。慈云桂趁着奋斗成功的喜悦喝了不少酒，回家后毫无睡意，回想这段艰苦曲折的战斗历程，他抑制不住内心的激动，一口气写下气势豪迈、表达情怀的诗篇——《银河颂》：

银河亿次巨型计算机鉴定测试胜利结束，圆满完成了党中央交给的艰巨任务。回顾五年与同志们风雨同舟、忧乐与共、知难而进的战斗历程，颇饶兴趣，特书此以遣怀。

银河颂（一）

七律

银河疑是九天来，

妙算神机费剪裁。

跃马横刀多壮士，

披星戴月育雄才。

精雕岂为人称誉，

细刻缘求玉琢材。

极目远穹千里外，

琼楼更上不徘徊。

银河颂（二）

浪淘沙

喜讯几回传，

笑语欢颜，

披荆斩棘勇当先。

骇浪惊涛风雨急，

事事年年。

捷报又翩翩，

银河显现，

人间碧落地连天。

妙算神机今已在，

亿境千旋。

银河-I 研制成功的消息经媒体报道后，举国欢腾，贺电、贺信如雪片般飞来。其中有一封贺信，是慈云桂的校友、清华大学计算机工程与科学系本科四年级的学生们集体写给他的。

国防科学技术大学慈云桂教授：

您好！

怎么写呢？我们心中充满了对您及您所领导的研究所的老师的钦佩和感谢。作为学习计算机专业的学生，又有什么比得上听到我们自己的亿次机诞生了这样的消息更感到幸福的呢？

在您的手上，一定已有许多贺信、贺电了，比起它们来，我们这封信是微不足道的，但慈老，这是我们年轻人真诚的祝贺，是我们心中对您们老一辈学长为我们祖国做出的卓越贡献的真挚感谢。老一辈学长开创了我国的计算机事业，培养和教育了我们这辈孩子，在赶超世界先进水平的工作中，您们冲锋在前，为我们年轻学生树立了光辉典范。

我们是清华大学四年级的学生，当我们在学校、在家乡、在厂矿听到人们对我们说：人家国外如何如何，而我们国内如何如何时，我们心里憋的火该有多旺呢。当我们在国防科学技术大学的杂志上看到亿次机的研制消息后，我们就被它紧紧地吸引住，我们坚信它会诞生的。

它诞生了，诞生得那么快，这里充满了您和同事们的辛勤劳动，充满了您和您的同事们对祖国的一片赤诚，从您们的身上，我们得到了力量，得到了勇气。

还有一年半的时间，我们就要毕业了，无论我们是继续在学校读书，还是走上实际工作岗位，我们将用我们学习到的知识，努力奋斗，不断学习新的知识，让心中永远升腾着一个远大的目标。我们要像你们那样兢兢业业，沉思着前进。如果中国的计算机能在我们几代人的共同奋斗中走在世界的前列，我们将感到最大的愉快。

最后，请接受一群新战士向一个老战士的敬礼！祝愿慈教授在新的研究课题中取得丰硕成果。

清华大学计算机工程与科学系四年级学生

一九八三年十二月二十五日

1984年10月4日，中央军委主席邓小平签发命令，为国防科学技术大学慈云桂同志记二等功，命令指出：

慈云桂同志是我国第一台"银河"亿次计算机工程的总设计师。多年来，他以"拼老命也要拿下巨型机"的革命精神和坚强决心，带领全体研制人员，攻克了"银河"亿次计算机总体方案设计和软、硬件设计，以及生产、调试中的许多难关，为高质量、高速度地完成整个工程，做出了突出贡献。

1985年1月17日，国防科学技术大学隆重召开银河巨型计算机研制成功总结表彰大会。在会上，国防科工委破例奖励计算机研究所10万元人民币，慈云桂等16名主要完成者每人获得一等奖奖金400元。这是慈云桂一生得到的最高奖金，然而他自己没有拿一分钱，而是用这笔奖金设立了"慈云桂奖学金"，以此奖励和资助成绩优秀的新一代青年学员，激励他们不断创新。

第三节　慈云桂带领的科研团队

慈云桂带领的银河-I研制团队的成员可谓精兵强将，做出了突出的贡献。

一、技术指挥成体系

银河-I研制技术难度极大，系统复杂，协作面广，任务时间紧，性能要求高。为了高质量、高标准地按时完成任务，工程领导小组按照系统工程的科学方法，建立了两条指挥线：一条线是行政指挥线，由国防科委和国防科学技术大学的领导负责；另一条线是技术指挥线，由慈云桂为总负责人，即由他担任技术总指挥，尽管当时国内还没有实行重大科研工程总师制，但他实际上就是总设计师。

本书作者根据相关原始档案资料和对当年研制人员的采访，试图首次还原银河-I研制的技术指挥线（见图4-6）。

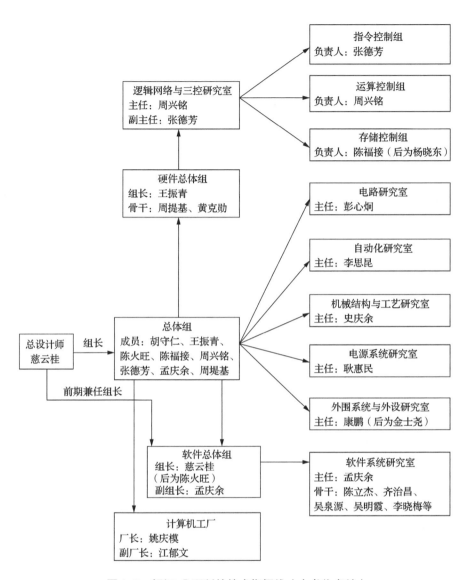

图4-6　银河-Ⅰ研制的技术指挥线（本书作者绘）

二、研制团队多贡献

为统揽全局，银河-Ⅰ研制总体组成立，慈云桂担任组长，主要成员包括胡守仁、王振青、陈火旺、陈福接、周兴铭、张德芳、孟庆余、周堤基。

在银河-Ⅰ研制期间，胡守仁成为实际上的总体组副组长，密切协助慈云桂，抓好研制工程各项具体工作的落实。王振青担任硬件总体组组长，主抓模型机研制、主机生产、设计自动化与生产自动化设备及系统的研制等工作。陈火旺担任软件总体组组长，主要负责软件系统的总体设计，提出了一整套用软件工程方法研制大型软件的方案和规划，直接主持了向量FORTRAN语言的设计、编译方案的制定和向量识别器的设计与实现。陈福接为存储控制组负责人，具体负责主存储系统研制及主机系统工艺设计：他设计了素数模、双总线近连接、流水线型主存储系统，在国际上首次采用了大容量高速MOS电路存储器；他设计了银河-Ⅰ主机系统短风路通风工艺，该设计使所有风路都平行，每个插件都能被吹到风，而不受别的插件阻碍，实践效果很好；他还设计了银河大机房，该机房占地648m^2、没有1根柱子，投入使用20多年后，在供电、接地、冷却等方面仍领先国内水平，为银河系列巨型计算机研制提供了先进的环境。周兴铭兼任逻辑网络与三控研究室（简称三控室）主任和运算控制组负责人，负责指令控制（简称指控）、运算控制（简称运控）、存储控制（简称存控）、I/O四个主机分系统的研制全过程，解决了总体方案、逻辑设计、工程化设计、分系统调试、主机系统调试等许多方面的关键核心问题，设计出流水线化双向量阵列部件，并在调试诊断手段方面成功地创新了一套办法，使系统调试又快又好并打破纪录；他还带领青年骨干张民选提出一种改进浮点倒数近似迭代算法的新方案，为银河-Ⅰ实现超高速运算打下坚实基础。张德芳为三控室副主任及指令控制组负责人，主要负责主机的指令控制部件设计，而当时国内外均无相关参考资料，他冥思苦想，一天半夜里突然梦到《红楼梦》中王熙凤管家的办法，立即起床写下方案，运用"登记与插队"技术，解决了指令的链接问题，完成了设计任务。孟庆余担任软件系统研究室主任，负责巨型计算机软件的开发工作，创新性地采用"内嵌式测试"设计，提出了可靠的闭环执行法，为银河-Ⅰ操作系统YHOS的研制做出重要贡献。周堤基为总体组成员，负责器材和设备的采购，后与吴泉源等人一起设计了银河-Ⅰ外围机支持诊断系统，显著提升了故障排除速度，提高了银河-Ⅰ的可维护性。

银河-Ⅰ硬件系统的研制，涉及三控室的指令控制组、运算控制组、存储控制组和总体组的其他室，包括电路研究室、自动化研究室、机械结构与工艺研究室、电源系统研究室、外围系统与外设研究室等。

硬件团队的骨干成员和工作内容如下。杨晓东在银河-Ⅰ研制期间曾任存储控制组负责人，他找到了素数模地址变换的快速简易算法的实现方式，设计了地址变换的硬件实现逻辑，实现了模31和模17的无冲突访问存储系统。彭心炯担任电路研究室主任，在完成MECL10K电路性能实验和电路系统稳定性与可靠性设计任务的同时，利用废旧器材自制设备，对大量组件进行老化测试筛选，在确保银河-I的高可靠性方面发挥了重要作用。李思昆担任自动化研究室主任，他按时间节点要求，带领科研人员在7个月内成功研制了巨型计算机印制电路板自动照相设备，用1年时间成功研制了印制电路板自动钻孔设备和自动测试设备，保证了银河-I多层印制电路板的按期生产。史庆余担任机械结构与工艺研究室主任，他完成了主机机架结构设计，研制了平行短风均匀送风的散热系统，解决了巨型计算机高密度组装散热的问题。耿惠民担任电源系统研究室主任，他创新地采用交流稳压、整流直接供电的低压大电流供电技术，圆满完成了银河-I主机电源系统的研制。康鹏、金士尧先后担任外围系统与外设研究室主任，黄克勋为外围系统与外设研究室副主任，他们在引进一些巨型计算机外围系统与外部设备方面发挥了作用。

银河-I软件总体组最初成立时由慈云桂兼任组长，后来由总体组成员陈火旺担任组长，孟庆余担任软件系统研究室主任。

软件团队的骨干成员和工作内容如下。陈立杰在银河-I研制期间负责外围系统软件，开发了主机通信接口软件，成功解决了磁带数据快速输入的难题。齐治昌在银河-I研制期间被慈云桂从教学岗位抽调过来，参加了巨型计算机FORTRAN语言编译器的研究开发工作，他与软件团队成员们一起日夜奋战，于1982年底圆满完成任务，又被调回教学岗位，担任软件教研室主任。吴泉源在银河-I研制期间承担虚拟主机开发任务，他带领两名教员和两名研究生，经过半年的攻关，于1981年上半年在引进的外围机PDP-11/70上成功开发出巨型计算机虚拟主机"785软件工程模拟器"，包括逻辑正确性模拟器和效能分析模拟器，使银河-I软件与硬件的试制生产并驾齐驱，研制进程按计划全面铺开。吴明霞在银河-I研制期间担任软件系统研究室副主任，挑起了巨型计算机汇编语言软件系统研制的重担，成功研制了能够实现计算机程序高效运行的银河-I汇编语言YHAL。李晓梅在银河-I研制期间负责开发国内第一款巨型计算机应用程序——二维张量向量程序，并组织了国内大型应用程序在银河-I上的正确性测试工作。

参与银河-I研制的人员有几百人，他们中的每一位科研人员都为我国首台巨型计算机做出了自己的贡献。因为篇幅有限，作者不在此一一列举。

三、集体荣誉汇银河

银河-I的研制成功在国内外引起轰动，集体荣誉和奖励纷至沓来。

1983年11月25日，中央军委副主席聂荣臻发来贺信，内容如下。

国防科学技术大学：

慈云桂同志来信告我，我国第一台亿次级巨型计算机已研制成功了。这确是一件振奋人心的快事！我由衷地感到高兴，特向同志们表示热烈地祝贺！

亿次机的解决，不仅为我国第二代战略武器的研制提供了有利的手段，并对其他军事部门和国民经济各部门，以及科学技术事业的发展都具有重大的意义。目前在国际上能研制出亿次计算机的没有几个国家。听说你们在研制中也遇到许多理论上、技术上和工艺上的难关，但经过拼搏奋斗，在有关单位的协同下，终于成功了！使我们巨型计算机的研制水平与世界最先进水平的差距大大缩短了，标志着我国计算机事业的发展进入了一个新阶段。这是很值得庆贺的事！

回忆五、六十年代，我们白手起家干科学技术，凭着革命热情，凭着科学态度，硬是自己动手向这些尖端技术进军。当时，我们的口号就是自力更生、奋发图强；我们的办法就是集中力量、大力协同。这就形成一股强大的动力，使我们无坚不摧、无攻不克。昨天我还看到一位日本朋友在评论中国四化前景时说：就中国人搞原子弹、氢弹的成功来看，只要他们战略需要，他们就可全力投入某个部门，那就什么都能搞出来。所以他坚信我们四化建设会成功。现在你们亿次机的研制成功，正是这种精神的再现。再次证明党的方针政策的正确，也再次向那种无所作为、只想吃现成饭的懦夫懒汉当头一棒，再次向那些只知争名夺利，没有国家观念，不愿大力协同的分散主义、本位主义者当头一棒，要他猛醒。为振兴中华，必须发奋图强；为祖国四化必须同心同德，集中力量，拧成一股绳，在党中央、国务院的领导下，把我们的重点项目一一搞上去！

我国第一台亿次级巨型计算机的验收顺利通过，在庆贺之余，希望你们进一步总结经验，改进工作，再接再厉，尽快迎头赶上世界最先进水平，为我国计算机事业的发展贡献更大的力量！

顺致

敬礼

聂荣臻

一九八三年十一月二十五日

1984年2月13日，国务院科技领导小组签发了《关于"银河"亿次计算机研制成功的嘉奖令》，通令嘉奖国防科学技术大学以及各个协作单位参与研制银河-Ⅰ的全体科技工作者、工人以及解放军指战员和干部。

1984年6月7日，中央军委主席邓小平签发命令，为国防科学技术大学电子计算机研究所全体人员荣记集体一等功（见图4-7），称赞他们"是国防科研战线上一支勇于进取、能打硬仗的先进集体"，命令指出：

国防科技大学电子计算机研究所……认真贯彻执行十一届三中全会以来党的路线、方针和政策，在有关单位的大力支援和协助下，锐意进取，百折不挠，勇于探索，大胆创新，成功地研制出我国第一台"银河"亿次巨型计算机，填补了我国巨型机的空白。"银河"亿次巨型计算机，是我国目前运算速度最快，存储容量最大，功能最强的巨型计算机。它的研制成功，不仅为我国第二代战略武器的研制提供了有力的手段，而且为国防科研和国民经济以及科学技术事业的发展，提供了强大的工具。……电子计算机研究所的全体同志，在研制过程中，夜以继日，团结奋战，克服各种困难，突破了理论、技术和工艺等难关，高质量、高速度地完成了研制任务。他们坚持实行行政、技术两条指挥线，加强和改善党的领导；充分发挥技术人员的作用，保证科研工作的高效率；正确执行独立自主、自力更生的方针，既总结自己的成功经验，又注意学习外国的先进技术，从我国国情出发，在学习的基础上创新。这些经验，不仅适用于国防科研战线，对我军其他方面工作也有指导作用。

图4-7　国防科学技术大学电子计算机研究所荣立军队集体一等功
（来源：国防科技大学计算机学院）

　　1985年1月17日，国防科学技术大学隆重举行"银河巨型计算机研制成功总结表彰大会"。大会宣读了银河-Ⅰ荣获中央军委"特等国防科技成果奖"的喜报，并通报了为银河-Ⅰ做出突出贡献的慈云桂等8人荣记二等功、为陈立杰等91人荣记三等功。

　　银河-Ⅰ是在党和国家各级领导的大力支持下，由总设计师慈云桂带领研制团队及兄弟单位科研人员、工人、战士艰苦奋斗、顽强拼搏所取得的重大科研成果，慈云桂本人曾这样总结道：

　　在中央军委和国防科工委的强有力领导下，由于我们总体方案的先进，指导思想和技术决策的正确，以及全所同志的冲天干劲，从而以惊人的研制速度取得了巨大成功，在国内外产生非常深远的影响，对我国计算机事业的发展是一个重大的促进。在研制银河机过程中，我们在理论上、技术上、工艺上的十多项创造和发展，在国际上也是有所贡献的，这在我的一生中是一个辉煌的成就。

第五章
银河-I 的技术创新

技术创新一般指生产技术的创新，包括开发新技术或将已有的技术进行应用创新。如果把巨型计算机比作人体，其体系结构就是骨架，硬件系统是肉身和血脉，软件系统则是大脑和神经。本章通过考察分析银河-I 的有关技术档案资料，揭示其在巨型计算机体系结构、硬件系统、软件系统等方面的技术创新细节。

第一节　银河-I 体系结构的技术创新

银河-I 是分布式复合功能多机系统，它由一台中央处理机、大容量存储器子系统、维护诊断处理机及若干个外围系统（包括用户处理机等）组成（见图5-1）。

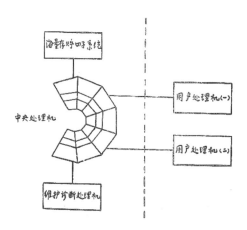

图5-1　银河-I 外观剖面图（来源：国防科技大学计算机学院，档案原件）

一、银河-I 体系结构和主要技术指标

银河-I 的中央处理机是一台具有超高运算速度、超大存储容量、超强功能的通用计算机。它充分运用并行重叠技术，采用双向量阵列、多通用寄存器、全面流

水线化的多功能部件结构，具有很强的向量运算和标量运算能力。一个向量运算是在一个双阵列式运算部件中同时执行两组数据的重叠运算，使每一拍运算能获得两个结果数；而多个向量运算可以在几个不同的功能部件中并行执行，因此其运算速度大大超过通常的标量计算机和一般的向量计算机。为了适应向量运算和标量运算混合的大型算题和照顾一些不适合向量运算的课题，银河-I还设有标量运算部件，由于采用了多标量功能部件和流水线技术，其标量运算的速度也相当高。

银河-I的外部设备包括磁盘控制器、用户处理机、诊断处理机等，高速的中央处理机和慢速的外部设备间并不直接连接，中央处理机通过外围系统管理这些设备并进行输入输出的操作。

银河-I的体系结构框图如图5-2所示。

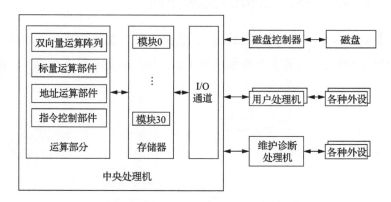

图5-2　银河-I的体系结构框图（来源：国防科技大学计算机学院）

银河-I的主要技术指标如下。

1. 机器字长和数据类型

银河-I中央处理机的基本字长是64位，数据类型有4种。

① 浮点数：字长为64位，其中符号1位、阶码15位、尾数48位。阶码用移码表示，尾数用原码表示。

浮点数的范围为$10^{-2466} \sim 10^{2465}$。15位阶码允许的形式值为$(20000)_8 \sim (57777)_8$，有两位符号位，并判别溢出：当其最高两位相等时，表示阶码溢出，"11"为上溢出，"00"为下溢出。尾数48位相当于十进制数的15位。中央处理机为双精度运算提供了一定的条件。

② 长整数：字长为64位，其中符号1位、尾数63位，用补码表示，数的范围为$-2^{63}\sim2^{63}-1$。

③ 短整数：字长为24位，其中符号1位、尾数23位，用补码表示，数的范围为$-2^{23}\sim2^{23}-1$。

④ 逻辑量：字长分为64位和128位（双字组成）2种，各位之间无内在联系。

2. 指令格式

银河-Ⅰ中央处理机的指令分短指令和长指令两种格式，两种指令在内存中可紧密地存放。

① 短指令：字长为16位，分为4个字段。

CM	i	j	k
7	3	3	3

其中，CM字段为7位，是操作码。i、j、k字段各为3位，其含义由操作码决定，一般情况下，i为结果数地址，j、k为源操作数地址，这些地址均指向寄存器。

② 长指令：字长为32位，分为5个字段。

CM	i	j	k	m
7	3	3	3	16

其中，CM字段为7位，是操作码。i、j、k各为3位，m字段为16位，它们的含义由操作码定义。长指令主要包括访问内存的传送指令或转移指令。

3. 速度指标

银河-Ⅰ中央处理机的工作频率为20MHz，即每拍时长为50ns。在高效状态（向量运算时间占75%以上）时，其向量运算速度达到1亿次/秒以上。

4. 容量指标

银河-Ⅰ中央处理机主存容量为200万字，单模块存取周期为400ns，采用模31交叉访问，一拍可单通道传送一个字或双通道传送两个字。

5. 输入输出与外围系统

银河-Ⅰ中央处理机有24条输入/输出通道，这些通道与外围系统连接。外围系统包括磁盘处理机1台、维护诊断处理机1台（采用PDP-11计算机）、通信处理机1台、用户处理机1～2台（可由用户选配）。外围工作机字长为16位，进行定点运算，速度为50万～100万IPS，存储容量为512KB。

6. 组件

银河-I中央处理机采用MECL10K中小规模集成电路系列作为组件，级延迟标称值为2ns，边沿延迟值为3.5ns，中央处理机集成度平均为15门/片。主存储器由MOS存储器件构成，访问周期为400ns，主存储器集成度为4096位/片。外围处理机组件采用TTL中规模集成电路，级延迟约为10ns，集成度平均为30门/片。

7. 可靠性指标

银河-I中央处理机的平均故障间隔时间（Mean Time Between Failures，MTBF）为24小时以上（该指标在国家鉴定考核时为144.05小时，正式运行之后达到441小时），可用性不低于90%（国家鉴定考核时达到99.1%）。

8. 功耗指标

银河-I中央处理机的直流功耗约为50kW，全系统总功耗为150～200kW。

9. 环境指标

银河-I运行时周围温度要求为20℃±3℃，相对湿度要求小于等于60%，工作机房面积要求约为600m²。

银河-I体系结构的技术创新主要有以下3点。

第一，采用了双向量阵列部件结构。双浮点运算部件的六条流水线、双向量部件的六条流水线，以及双向量寄存器使得每拍可获得两个运算结果。

第二，采用全流水线化功能部件和复合流水线技术。全机18个功能部件全部为流水线结构，指令控制、数据存取等都采用流水线工作方式；运用复合流水线技术较好地解决了向量指令的相关问题，提高了部件工作的并行度，因而提高了实际运算速度。

第三，采用了多模块素数模双总线交叉访问存储系统。这样可以降低存储模块访问冲突的概率，满足双向量阵列运算对数据流量的需求，使得每拍都可存取两个字的数据，即数据流量达320MB/s。只要地址间的间距不为31的倍数，便不会发生模块访问冲突的现象。

下面分别介绍这3种体系结构技术创新的基本情况。

二、双向量阵列部件结构

采用阵列式结构是设计巨型计算机的重要部分。阵列式结构是指，一台巨型计算机设有很多个相同的运算部件，这些部件可以对不同的操作数并行地执行同样的指令，这将会大大提高计算机的运算速度。

20世纪70年代，国外采用阵列式结构的典型计算机有美国的早期巨型计算机ILLIAC-Ⅳ。它由64台处理机组成，每台处理机的向量运算速度为300万～400万次/秒。在公共控制器的控制下，64台处理机对不同的操作数同时执行相同的操作，从而使整机的向量运算速度在理想状态下最高可以达到1.5亿次/秒。但是，这台巨型计算机的阵列太大，在软件工程方面有一定短板，导致其在高速度时的向量运算极不稳定，而纯标量运算速度又比较低。

美国宝来公司在总结ILLIAC-Ⅳ研制与使用经验的基础上进一步研发的BSP/B7800巨型计算机也是采用阵列式结构。它采用了一个由16个运算部件构成的超快速阵列，一个无冲突访问的主存系统，一个阵列平行的标量处理机，指令控制器和一个高速的CCD型文件存储器。同时，全系统也采用了流水线技术，存储与运控之间速度匹配较好，主频为6MHz，运算速度可达50MFLOPS（约1.5亿条指令/秒，即1.5亿IPS）。

我国的银河-Ⅰ是一台以向量运算为主的巨型计算机。为提高该机的运算速度，采用阵列式结构来搭建向量运算部件，设置了两套完全一样的向量寄存器、向量功能部件和浮点功能部件，构成了完整的双向量阵列部件结构（见图5-3）。

当执行向量长度为V_L的向量指令时，在同一个运算控制器的控制下，两个向量运算部件同时执行指令所规定的同样的操作，各自的向量长度为$(V_L+1)/2$。这样，在双向量阵列部件结构下执行运算的速度就比采用单向量运算部件时提高了一倍。

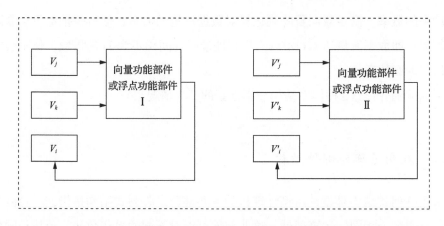

图5-3　银河-Ⅰ双向量阵列部件结构框图（来源：国防科技大学计算机学院）

银河-Ⅰ向量并行运算是在硬件层面设置两个同样的向量运算部件实现的。从软件角度来看，其与单个向量运算部件以及单个具有128个单元的向量寄存器的要求完全一样，因此，在软件工程方面没有带来任何额外的困难。

三、全流水线化功能部件和复合流水线技术

1. 全流水线化功能部件：并行技术

按照传统的巨型计算机设计思想，中央处理机的运算部件常常被设计成能够执行各种算术运算（包括浮点运算、整数运算）和逻辑运算的通用部件。这样的运算部件不仅结构复杂，而且同一时间只能执行一种运算，也就是当相继出现两条不同运算操作的指令时，只有在前一条指令执行完毕后，后一条指令才能开始执行，这种串行的工作方式大大限制了运算速度。

为提高运算速度，银河-Ⅰ充分运用并行技术，设置了独立专用的多功能部件，这样就可以同时执行几种不同的运算操作，从而大幅提高运算速度。它的原理是：假设运算器有 m 个可并行工作的独立功能部件，在理想情况下，m 个功能部件并行工作，则运算速度可以为原来的 m 倍；但实际上，由于种种原因不可能达到理想情况，有时并行工作的部件多，有时并行工作的部件少，平均而言，m 个独立功能部件能并行工作的约为 $\sqrt{m}$ 个，则运算速度一般为原来的 $\sqrt{m}$ 倍。

银河-Ⅰ共设有：一组地址功能部件（地址加法部件和地址乘法部件），一组标

量功能部件（标量加法部件、标量移位部件、标量逻辑部件和计数部件），两组向量功能部件（向量加法部件、向量移位部件和向量逻辑部件）以及两组向量与标量兼用的浮点功能部件（浮点加法部件、浮点乘法部件和浮点倒数近似值部件），其中浮点倒数近似值部件兼作向量计数之用。功能部件一共有12种、18个，它们都是独立的，可以并行工作。其中，可用作向量运算的部件共6种、每种2个，它们可同时处理同一向量运算，以提高向量运算的速度。

除此之外，运算部件与存储器之间、运算部件内各寄存器之间的数据传输通道，也是与各功能部件并行工作的。也就是说，银河-Ⅰ运算部件在执行向量、标量和地址运算等指令的同时，还可执行取数、存数、传送等指令，达到高度的并行程度，为提高总体运算速度提供了扎实的物质基础。尤其在执行向量指令的同时，为后续执行向量指令做准备的标量运算、地址运算和数据传送均可并行执行，一般不单独占用机器时间，从而提高了向量运算部件的实际工作效率，使银河-Ⅰ具有较高的向量运算速度。

根据多个典型计算题目的分析，向量指令并行度平均为2～3，而银河-Ⅰ为双向量阵列结构，实际同时并行工作的向量运算部件或向量传输通道有4～6个。在处理纯标量运算的程序时，由于银河-Ⅰ可用于标量运算的功能部件共有9个，与只有1个通用运算部件的一般标量机相比，有更快的标量运算速度。这样不但为超高速运行操作系统和编译提供了可能，而且使银河-Ⅰ能够适应各种不同类型的课题。

2. 复合流水线：重叠技术

重叠技术也是一种提高巨型计算机运算速度的有效方法，它是通过将运算部件分为若干站的流水线实现的。

对于标量指令，第一条指令的一对操作数先进入第一站执行，当它进入第二站执行时，第二条指令的一对操作数便可进入第一站执行，以此类推。这样，若干条连续指令的运算可同时在一个运算部件的不同站执行，实际上，重叠技术也起到了并行运算的作用。

对于向量运算，一对一对的操作数被一拍一拍地送入流水线，经过若干拍的起步时间后，运算结果相继从流水线输出。假设向量长度为l，功能部件的时间常数为n（流水线的站数），则从第一对操作数进入功能部件开始，经过n拍后，每一拍可流出一个结果数,整个运算时间为$l+n$拍。这样平均每得一个结果数需$(l+n)/l$拍,当$l \gg n$时,该拍数就接近l。可以看出,流水线技术对提高机器运算速度的效果是显著的。

国际上采用流水线技术的典型巨型计算机有STAR-100、TI-ASC、FACOM230-75等。而银河-I采用的复合流水线技术,比上述机器更全面、更彻底,主要特点有以下两点。

第一,银河-I的全部功能部件都采用流水线技术,而且各功能部件可每拍输出一个结果,并不像有些国外的巨型计算机流水线有返回循环的动作,需要若干拍才能输出一个结果。这样,银河-I可以利用同一功能部件运算的相邻指令,不论它们是标量指令、向量指令、还是两者混合的指令,只要操作数已经具备,都可在流水线中实行重叠操作。

第二,在银河-I中,不仅所有运算部件采用了复合流水线技术,运控、存控和存储器之间的所有数据通道和地址通道同样采用流水线的分站结构实现。这样,一方面,这种分站结构有效地保证了数据的流量,以确保进行向量运算时操作数源源不断地输入以及复合流水线的顺利进行;另一方面,实际上起到先行控制作用,而机器结构非常简洁,很容易控制。

由上可知,银河-I充分运用了并行技术和重叠技术,各个独立专用的功能部件都是全面流水线化的,每拍可输出一个结果,若干个功能部件又可同时执行几种不同的运算。对于有关联的两条相继向量指令,银河-I可以把这两条指令所对应的两个流水线化的部件"链接"在一起,构成复合流水线,提高向量运算的并行度。此外,银河-I的向量功能部件还具有循环特性:当执行某向量运算指令的操作数地址等于结果数地址时,向量功能部件或浮点功能部件输出的结果会被送回输入功能部件参加运算,形成"循环",从而把一个向量的许多元素压缩成几个元素,其个数等于$2 \times (\text{FUtime}+2)$(FUtime为功能部件的时间常数,即流水线的站数)。

四、多模块素数模双总线交叉访问存储系统

多模块、交叉访问结构的高速存储器的模块数为2^n($n=1,2,\cdots$)个,此时,每

个二进制访问地址的最低 n 位便是该地址所在模块的模块号，这样可以保证提供高速运算部件所需的流量和速度的匹配。但向量访问内存指令的数据是成组传送的，而向量数据在存储器内的地址可以是任意间距的，这样就会产生存储模块访问冲突的问题。

一般而言，模块数越少，访问冲突的矛盾就越突出。例如，存储器的存取周期为 400ns，运算部件的时钟周期为 50ns，为解决存储器和运算部件之间的速度匹配问题，存储器至少由 8 个模块交叉访问。这种情况下，在进行成组访问时，如果向量间距等于 1，则没有访问冲突问题，可以每个时钟周期传送一个字。如果向量间距等于 2，则第一次访问某模块后，经过 4 拍，第二次访问该模块时，因这两次访问的时间间隔只有 200ns，所以会引起冲突。要再等 200ns 后，该模块才接受第二次访问。因此，存储器不能为运算部件提供每拍一个字的连续成组传送。当向量间距等于 4、8 或其倍数时，访问冲突的情况更加严重。在向量运算时，这种冲突势必大大影响运算速度。

为解决此问题，巨型计算机在研制时一般采取增加存储模块数和存储器带宽的办法，但是这样会带来增加器材数量、增大设备连线规模的问题，以及工艺上的困难。对银河-I 而言，解决访问存储器冲突问题有更重要的意义，这是因为该机向量运算采用了先进的链接技术，要求存储器严格按照每拍一个字的速度将读出的数据传送到向量运算部件，否则就不能实现取数与运算的链接，这将明显影响机器的向量运算速度。

银河-I 采用多模块素数模双总线交叉访问存储系统，此举不仅解决了这个难题，而且为首创之举。首先，存储模块数为素数"31"，因此执行成组取数的向量指令时，只要向量间距不等于 31 的整数倍，访问存储器就不会冲突，从而使存储器最大限度地为向量运算部件提供所需的成组操作数，并确保向量链接的顺利进行。为提高系统的可靠性，存储器也可组成模 17 的工作状态。这样，当模 31 工作状态有某模块发生故障需要维修时，就可暂时切换成模 17 工作状态。虽然系统进入降级运行状态，但对访问速度并没有明显影响。在向量成组访问时，银河-I 的存储器根据地址码和向量间距同时启动两个存储模块工作，并且读出和存入操作都是双总线，以满足向量运算双阵列处理的需要。此外，取指令也是双总线工作，1 拍取两个字。

在巨型计算机研制中，由于速度和容量的要求，主存储器多采用交叉访问的多模块结构。对具有 m 个模块的主存储器，其地址分配如表5-1所示。

表5-1　具有 m 个模块的主存储器的地址分配

a	$N_b=0$	$N_b=1$	$N_b=2$	……	$N_b=m-1$
0	0	1	2	……	$m-1$
1	m	$m+1$	$m+2$	……	$2m-1$
2	$2m$	$2m+1$	$2m+2$	……	$3m-1$
……	……	……	……	……	……
a_i	a_im	a_im+1	a_im+2	……	$(a_i+1)m-1$
……	……	……	……	……	……

表5-1中，N_b 为模号，a 为模内地址，如果 A 为绝对物理地址，则有

$$A = am + N_b \tag{5-1}$$

假设主存储器单个模块的存取周期为 T，访存的启动周期为 T_{CP}，一般 $T>T_{CP}$，但由于主存储器采用交叉访问的多模块结构，因而，允许以 T_{CP} 为周期对主存储器进行访问，使访存的最大速度达到 $1/T_{CP}$。实际上，只要 $T>T_{CP}$，就存在访问冲突的可能。若粗略认为访存地址是随机的，则模块数越多，访问冲突的概率就越小。但模块的增加，会使硬件的用量增加。因此，一般都根据所设计巨型计算机的速度和容量要求适当地选取模块数。银河-I研制之时，国外绝大多数巨型计算机的主存储器模块数都选取 2^n（$n=0,1,2,\cdots$）个，这样做的优点是无须设计地址变换电路。

银河-I的主存80%以上的时间都在执行成组访存指令。每一条成组访存指令可完成存/取地址间距为 l 的多个字，而每条成组访存指令中各字的地址序列通常为

$$a_o+il \quad i=0,1,2,\cdots \tag{5-2}$$

其中，a_o 为成组访存的首地址；l 为地址序列的间距，可取任意自然数。

由式（5-2）可知，一条成组访存指令中各字的地址变化不是随机的，所以不能靠增加主存储器的模块数来提高成组访存的速度。因此，如何有效地减少成组访问冲突是一个关键问题。那么，对于银河-I，如何才能有效地确定模块数，保证主存储器的流量最大呢？

由式（5-2）可以推导出，成组访问地址序列为

$$a_o, a_o+l, a_o+2l, \cdots, a_o+il, \cdots$$

设 a_o+il 和 $a_o+(i+n)l$ 为落入同一模块内的地址，当主存储器模块数为 m 时，有

$$a_o+il \equiv a_o+(i+n)l(\bmod m) \tag{5-3}$$

由表5-1可知，$nl= Km\partial\alpha$（$K=1,2,\cdots$）。其中，$\partial\alpha$ 为落入同一模块的两个相继地址所对应的模内地址源量，n 为成组访问落入同一模块的任意两个字的字序列距离（简称序距）。

因为

$$\partial\alpha=\{l,m\}/m=l/(l,m) \tag{5-4}$$

所以，有

$$n=Km/(l,m) \tag{5-5}$$

其中，$\{l,m\}$ 与 (l,m) 分别为 l 和 m 的最小公倍数和最大公约数。

当 $K=1$ 时，有

$$n_{\min}=m/(l,m) \tag{5-6}$$

其中，$n_{\min}$ 为落入同一模块的两个相继地址的序距。

当 K 为整数时，由式（5-6）可得

$$n_{\min}=\begin{cases} 1 & l=Km \\ m & l=1 \\ 2\sim m & l\neq Km \text{ 或 } 1 \end{cases} \tag{5-7}$$

但当 m 取素数 m_p 时，有

$$n_{\min}=\begin{cases} 1 & l=Km_p \\ m_p & l\neq Km_p \end{cases} \tag{5-8}$$

设 $N=T/T_{CP}$，当 $n_{\min}<N$ 时，成组访问将出现冲突，使一条成组访问不能连续进行，因而降低访问的速度。

由式（5-8）可知，当 $m_p \geqslant N$ 时，有

$$n_{\min} \geqslant N \quad l\neq Km_p \tag{5-9}$$

此时，成组访问显然不会产生访问冲突，从而使访问的速度达到最大。

银河-Ⅰ的 $N=8$，但因其为双字访问，相当于 T_{CP} 为单字访问情况下的一半，应取 $m\geqslant 2N$。由于模块数取大于16的任意素数对成组访问速度的提高效果都是相同的，所以从节省组件和简化设计的目的出发，选定 $m_p=17$。研制团队通过进一步的计算

与比较，最后得出结论：模17的访问速度约为模16的1.5倍。

访存指令中，除成组访问外，还有一些地址可以被认为是随机的标量访问（单字访问）。经计算，当取m_p=17时，若标量访问紧跟在成组访存指令之后执行，其立即被执行的概率只有0.18；而在连续执行标量访存指令时，其立即被执行的概率为0.6左右。因此，取m_p=17时，标量访存指令的执行概率是不能令人满意的，解决办法自然是增加模块数。科研人员发现，取m_p=31时，访问速度约为m_p=32时的1.4倍，更加高效。同时考虑到，一旦$N=T/T_{CP}>8$，双通路访问仍应连续进行，以及维修时主存储器模块可能不全，因此，银河-Ⅰ取m_p=31作为主存储器的正常工作状态，取m_p=17作为次级辅助工作状态，这就是素数模31/17的基本思想。

如上所述，模17的平均访问速度与模16的平均访问速度之比是1.5，模31与模32的平均访问速度之比是1.4。因为地址变换所用器材与存储系统所用器材相比可忽略不计，所以模17与模16相比，是用增加1/16的硬件得到了50%访问速度的增加；而模31与模32相比是减少了1/32的硬件而得到了40%访问速度的增加。由于银河-Ⅰ的存储系统是全流水线化的，因此它具有非常高的成组访问速度和操作效率，这就是主存模块数采用素数模31/17的好处。

第二节　银河-Ⅰ硬件系统的技术创新

银河-Ⅰ硬件系统的技术创新主要包括改进浮点倒数近似迭代算法的硬件设计、指令链接与流水控制技术、素数模双总线交叉访问的存储控制技术等。

一、银河-Ⅰ硬件系统的组成

银河-Ⅰ的硬件系统由中央处理机、大容量存储器子系统（Mass Storage Subsystem，MSS）、维护诊断处理机和用户处理机等组成。

1. 中央处理机

银河-Ⅰ的中央处理机（见图5-4）由运算部分、主存储器、存储访问控制器、输入输出快速通道等部分组成。

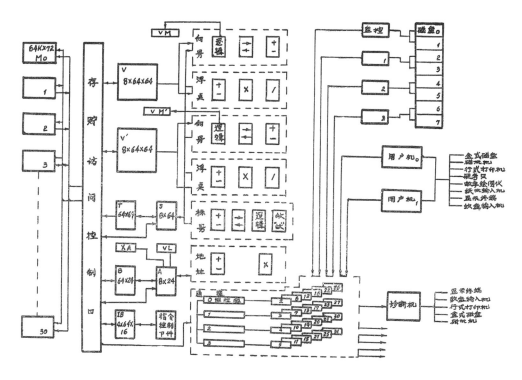

图5-4 银河-I 中央处理机逻辑框图（来源：国防科技大学计算机学院，档案原件）

运算部分在程序指令控制下，对数据进行向量运算（成组运算）、标量运算和地址运算，它由寄存器、后援寄存器、功能部件、指令缓冲站和指令控制部件等组成。运算部分设有两套完全一样的向量寄存器和进行向量运算的功能部件，它们组成双向量阵列结构。在执行向量指令时，它们并行操作，因此速度比只有一套向量部件时提高了1倍。运算部分还设有地址寄存器和后援寄存器、标量寄存器和标量后援寄存器等，运算型指令一般为三地址型，操作数和结果数地址都指向寄存器。指令控制部件输出控制指令，并控制各功能部件协调工作。它设有256×16位的指令缓冲站，容量庞大，可以缓存256条连续的短指令，使现行指令落入指令缓冲站的命中率很高，达98%以上。

主存储器采用N沟道硅栅动态MOS组件，每片为16 000位或64 000位，组成多模块交叉访问结构。主存储器有17个或31个模块，总容量为100万～400万字，每个字有72位，其中，64位为信息码，8位为海明（Hamming）校验码，可纠正一位错、检测多位错。单模块存取周期为400ns，采用素数模交叉访问，通过双总线读出或写入、向量无冲突访问方式，提高存储器的实际流量。标量访问每拍（50ns）传输一个字；向量访问为双总线方式，每拍可传输两个字，即每秒传输4000万字。

存储访问控制器的作用是实现多个请求源对多模块存储器进行交叉访问的控制，根据给定的地址信息，执行地址计算、越界判别、地址变换及访问冲突判别等任务，启动主存储器读出或写入。为提高访问主存储器的效率，存储访问控制器采用流水线工作方式。如果访问主存储器不发生冲突，则流水线畅通；一旦出现冲突，存储访问控制流水线暂停流水工作，原地踏步，直到冲突结束，再重新建立流水工作。这种自适应的流水工作方式，灵活而有效。

中央处理机还具有24个输入/输出快速通道，用来与外围系统（包括海量储存器子系统、维护诊断处理机、用户处理机等）连接，进行程序和数据的传输。中央处理机与慢速的外部设备之间没有任何的直接连接，而是通过外围系统管理这些设备并进行输入/输出操作。

2. 大容量存储器子系统

银河-Ⅰ的大容量存储器子系统可配置2～8个磁盘控制器、2～32个300MB磁盘，数量多少视用途而定。磁盘控制器与中央处理机输入/输出快速通道相连接，这使磁盘存储器和主存储器之间能高速地直接调度数据。磁盘存储器的主要性能如下。

① 每台磁盘机的容量为300MB。

② 数据传输速度为1.2MB/s。

③ 平均寻道时间为30ms。

④ 转速为3600rad/min。

⑤ 记录方式为改进调频制（Modified Frequency Modulation，MFM）。

⑥ 头盘间隙为0.5μm。

⑦ 盘组中的盘片数为12，记录面为1，伺服面为1，容量为20 160字/道。

3. 维护诊断处理机

银河-Ⅰ维护诊断处理机的作用有：输入系统初始状态与启动系统；对系统运行状态进行监视和检测；为中央处理机提供维护手段，进行故障的诊断和定位。维护诊断处理机采用 PDP-11 计算机系统，它包括 1 台小型机、2 台磁盘机、1 台磁带机、1 台宽行打印机、1 台软盘处理机、1 台控制打字机和 1 台显示终端。

4. 用户处理机

根据不同的用途，银河 -Ⅰ 可配置 1 ～ 2 台用户处理机，用来管理用户需要的不同外部设备，进行输入 / 输出操作、数据的预处理、格式加工等。它包括功能较强的小型机、磁盘机、磁带机、宽行打印机、软盘处理机、X-Y 绘图仪、图像输出设备（显示设备和硬拷贝设备）、控制打印机、智能终端和显示终端等。

银河 -Ⅰ 硬件系统的技术创新主要有以下 3 项。

第一，采用了改进浮点倒数近似迭代算法的设计，简化了部件结构。在精度相同的情况下，硬件器材节省了 60%，流水线的站数从 14 站减少为 6 站，缩短了运算起步时间。

第二，在指令流水控制部件中设置了微命令库，使控制方式更简单，节省了器材。

第三，采用了素数模（模 31/17）双总线交叉访问的存储控制技术，包括快速地址变换算法及其实现等，保证了高速数据流量的实现。

下面分别介绍银河 -Ⅰ 中这 3 项硬件技术创新的基本情况。

二、改进浮点倒数近似迭代算法的硬件设计

运算的高速度是巨型计算机的重要标志。运算控制组的科研人员积极探索，改进了 Cray-1 硬件系统的浮点倒数近似迭代算法，进一步设计了加法流水线和乘法流水线，解决了指令的相关问题，提高了并行度，为银河 -Ⅰ 实现超高速运算打下坚实基础。这种改进算法的硬件设计创新原理如下。

除法运算是计算机硬件的三种基本运算之一。一般认为，机器指令中，加减运算占 25%，乘法运算占 15%，除法运算占 5%。在小型计算机中，硬件是以加减运算为基础的，乘除运算都借助加减运算来实现，因此机器硬件十分简单，但乘除运算速度极低，往往是加减运算的 1/30 ～ 1/10，从而使机器运算总速度成倍下降。在大型计算机中，一般引进庞大的乘法硬件，可使乘法运算速度提高 4 ～ 10 倍，而代价是硬件数量大增（一般乘法硬件要比加减硬件庞大许多）。引进除法硬件来提

高除法运算速度的方法比乘法更加困难，因此大型计算机中的除法运算不是借助加减硬件就是借助乘法硬件来实现。以加减硬件为基础，适当增加一些除法专用硬件，采用"二位一除"或"加减除数的某倍数配合跳位"等方法，可提高除法运算速度2～3.5倍。以乘法部件为基础，适当增加一些除法专用硬件，采用"迭代除法"，可提高除法运算速度3～5倍（取决于乘法硬件的处理能力及速度）。可见，除法运算仍比加减运算慢得多，甚至也比乘法运算慢得多。因此，尽管除法运算只占5%，但它对机器总速度的影响很大，是提高机器速度的一个重要限制因素。因为这种结构的大型计算机在执行除法运算时，占用了加减硬件或乘法硬件，或二者都被占用，所以机器在执行仅占指令5%的除法运算时所占用的机器时间远超5%，且机器不可能同时处理加减乘法运算。巨型计算机在这方面的硬件设计比大型计算机更加复杂和精细。

美国Cray-1的中央处理机含有12个功能不同的流水线处理部件，从而使它的浮点运算速度达到80MFLOPS（相当于每秒运算次数达2.4亿次以上）。Cray-1的设计思想继承了CDC 6600、Cyber 175的系统结构思想并加以发挥，它们都设有专用的除法处理部件。为了减轻数据流的压力，进一步发挥机器运算速度的潜力，多流水线处理部件首尾相接，构成复合流水线，可以同时完成一串运算。显然，为了能完成这样的操作，Cray-1的所有流水线处理部件都必须一拍一个结果，不允许流水线内部有数据流的反馈，即不允许对同一数据的加工重复使用流水线的任何部分。这个要求对除法部件设计来说是个苛刻的条件，需要更复杂的硬件结构来实现。

那么，如何在银河-I上设计一个能够一拍处理一个结果的除法流水线，使除法运算实现快、省、好呢？首先，除法运算改为倒数运算是合理的。这是因为，倒数再做一次乘法即可得除法的商，而乘法流水线部件通常是现成的。因此，把除法运算改为倒数运算可大大地节省硬件。其次，从算法的角度来说，为适应流水线的特点，采用迭代算法是合理的。最后，不一定所有的迭代都要由硬件来做。因为一拍一个结果且不允许流水线内部有反馈，将使硬件设备规模十分庞大。为此，可以"软""硬"结合，硬件只完成部分（最初几次）迭代，得到精度不太够但已有相当精度的倒数近似值，而后由软件来进一步迭代，使倒数精度达到系统要求。用软件来继续迭代必将调用乘法部件，这在有指令链接技术的情况下，不会损失很多运算速度。

由此可知，银河-I 改进浮点倒数近似迭代算法的设计是成功的。若按 Cray-1 的同样功能的部件的办法来设计，硬件器材规模将是现有设计的 2.5 倍，流水线站数将由 6 增加为 14。此外，现有设计中近似倒数部件的数量也已略小于浮点加法部件的数量。

三、指令链接与流水线化控制技术

1. 指令链接技术

在计算机运算过程中，前一指令的结果数正好是后续指令的操作数的现象大量存在且不可避免。回顾早期计算机的发展史，中小型计算机从三地址机发展成二地址机，进而发展成一地址机，正是越来越充分地利用了操作数的这种现象。随着计算机技术的发展，这种现象却成了采用多功能部件提高并行计算能力的一大障碍。经验证明，要求达到的并行度越高，这种与操作数相关的矛盾就越突出。因此，想要通过单纯增加多功能部件的数量来达到很高并行度的做法，不仅给软件工作者带来了很大的困难，而且实际效果也极其有限。

为解决上述矛盾，根据向量运算的特点，银河-I 采用了"指令链接"这一新技术。对于两条相关的相继向量指令，只要其他的运算条件均已具备，则银河-I 可以把这两条指令所对应的两个流水线功能部件"链接"在一起，前一个流水线功能部件的出口通过一定渠道接通后一个流水线功能部件的入口，从而构成了两条相关的相继向量指令的复合流水线运算。在这种复合流水线运算中，一方面，经前一个流水线功能部件的起步时间后，可逐拍获得前一个向量指令的结果；另一方面，经前后两个部件起步的总时间后，也可逐拍获得后一个向量指令的结果，从而实现两条相关的相继向量指令的并行运算。对两条以上上述这种相关的相继向量指令而言，银河-I 同样可以将它们一一链接起来，进行更多条流水线之间的复合流水线运算。

在银河-I 中，平均每拍并行计算的向量指令可达 2 ～ 3 条，一般计为 2.5 条。该统计数字中实际上包含着链接技术应用所带来的并行度。据有关典型题目特征统计，被链接的后继向量指令约占全部指令的 36%，即平均每拍约有 $2.5 \times 36\% = 0.9$ 条向量指令与前一条指令因操作数相关而被链接起来进行计算。显然，若是不采用链接技术，则原来1拍可完成的计算将变成1+0.9=1.9拍才能完成。可以说，银河-Ⅰ采用的指令链接技术把运算部件的速度提高到未采用此技术时的1.9倍左右。

2. 流水线化控制技术

采用指令链接技术后，对指令的流水线化控制就成了难题。银河-Ⅰ研制团队采用了一种新颖的指令控制设计思想来破解该问题，叫作"登记与插队"。它的基本原理如下。

（1）总述

银河-Ⅰ的指令流控制部件犹如一个"总管"，为了发挥各部件的"积极性"，需要对全机各部件的工作情况"了如指掌"。为此，银河-Ⅰ设有全机工作情况登记表，以判别等待流出的指令能否流出。此外，对于标量寄存器和地址寄存器，由于它们的入口只有一个，因而分别设立了访问标量寄存器和地址寄存器的队列寄存器各一个。这种设计简洁明了，容易实现对多功能部件的指令控制。

（2）登记

银河-Ⅰ设有下列5种操作寄存器。

向量寄存器V：有8个，分别记为$V_0 \sim V_7$。其中每个寄存器均由128个单元组成，分别寄存128个向量元素，它可与3组向量功能部件及3组浮点功能部件联系。

标量寄存器S：有8个，分别记为$S_0 \sim S_7$。它可与4个标量功能部件和3个浮点功能部件联系。

标量后援寄存器T：有64个，分别记为$T_{00} \sim T_{77}$（八进制表示）。它与S相连，并可与内存成组交换信息。

地址寄存器A：有8个，分别记为$A_0 \sim A_7$。它可与2个地址功能部件联系。

地址后援寄存器B：有64个，分别记为$B_{00} \sim B_{77}$（八进制表示），它与A相连，并可与内存成组交换信息。

银河-Ⅰ还有下列功能部件。

向量功能部件共有3组，分别是向量加法部件、向量移位部件和向量逻辑部件，每组2个。它们的源操作数来自2个向量寄存器，或者一个来自向量寄存器，另一个来自标量寄存器（用作常数向量），而它们的结果数均送往向量寄存器。

浮点功能部件共有3组，分别是浮点加法部件、浮点乘法部件和浮点近似倒数部件，每组2个。它们既可加工向量，又可加工标量，因此它们的源操作数既可来自向量寄存器，也可来自标量寄存器，而它们的结果数则可根据加工对象的不同分别送往向量寄存器和标量寄存器。

标量功能部件共有4个，分别是标量加法部件、标量移位部件、标量逻辑部件和标量计数部件。它们的源操作数均来自标量寄存器，除标量计数部件的结果数送往地址寄存器外，其他3个部件的结果数均送往标量寄存器。

地址功能部件共有2个，分别是地址加法部件和地址乘法部件。它们的源操作数均来自地址寄存器，其结果数也均送往地址寄存器。

面对如此多的操作寄存器和功能部件，从指令控制的角度来讲，如何分配它们的工作，使之能有节奏且协调地工作呢？这就要求指令控制对各部件和各寄存器的工作情况非常清楚，起到"《红楼梦》里的总管王熙凤"的作用，对各部件和各寄存器的工作情况进行忙/闲登记，根据登记情况去分配它们的工作，也就是去决定等待流出的指令能否被允许流出。

对地址运算指令和标量运算指令而言，由于各部件和寄存器均已全面流水线化，且只加工一对（或一个）源操作数，故这类指令流出后，并不占用源操作数寄存器和功能部件，仅占用结果数寄存器。

对向量运算指令而言，由于向量操作对向量数据进行成组加工，故这类指令流出后，不仅要占用结果数寄存器，而且要占用源操作数寄存器和功能部件，仅占用的时间有所差异。

根据以上粗略的分析可以看出，指令控制部件只需先在每条指令流出后进行相应的登记，再根据登记的情况去判别下一条指令能否流出。当然，作为"总管"，它还应对各部件及寄存器何时能完成工作（释放其占用）十分清楚。为此，要接收这些部件及寄存器的"汇报"，及时改变忙/闲情况记录。

（3）插队

标量寄存器S和地址寄存器A的性质决定了这两种寄存器均分别只有1个输入通道，而它们输入源分别为14个及8个。此外，从指令流出时间算起，各个部件得到结果所需的节拍数是不同的，也就是说，由于指令流出时间各异，有些结果有可能同时到达S和A的输入通道，从而发生S和A的访问冲突。为了避免这种情况，银河-I 研制人员运用了日常生活中"排队"和"插队"的思想，使得这类问题迎刃而解。他们设置了两个队列寄存器R_KS和R_KA，分别对S和A进行入口管理。如果发现一条欲流出的指令流出后，将造成数据到达S或A的时刻正好有来自另一输入源、已在处理的数据也到达S或A，就推迟该指令的流出时刻，直到无访问冲突时才允许其流出。

R_KS和R_KA分别由一组寄存器构成，它们允许插队，每拍前进一步，如图5-5所示。

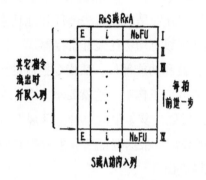

图5-5　R_KS和R_KA寄存器指令插队示意图（来源：国防科技大学计算机学院，档案原件）

例如，R_KS和R_KA各有9站，各站所包含的内容为：E，有效位；i，要打入S或A的号码，$i=0,1,2,\cdots,7$；N_bFU，功能部件号，输入源的个数决定其位数。例如，S有14个输入源，则N_bFU为4位；A有8个输入源，则N_bFU为3位。

当有一条结果数须送往S或A的指令并流出，需在此队列中按规定在某站插入。例如，对R_KA，地址乘法运算指令流出时需在第V站插入；对R_KS，标量浮点数加法运算指令流出时需在第Ⅷ站插入。也就是说，要置$E=1$，并送入相应的i和N_bFU。

因此，如果等待流出的指令需在第n站插入，那么，当相应队列中的第$n+1$站的状态为$E=1$时就代表前述的冲突现象将要发生，所以此时应推迟该指令的流出，也就是不许插队。直到第$n+1$站的状态不为$E=1$时，才允许该指令流出（假设已无其他阻止流出的条件存在）。

这种独特的"登记与插队"指令控制技术，使得银河-I在指令控制部件的控制下能够紧张而有序地工作，解决了指令链接下流水线化控制的问题，使运算部件速度提高了1倍。这项创新设计于1988年获得了国家技术发明奖三等奖。

四、素数模双总线交叉访问的存储控制技术

银河-I 的主存储器（简称主存）采用多模块素数模双总线交叉访问存储系统结构。用来实现这种无冲突访问的存储控制硬件技术的核心是一种有效的地址变换单元，它可以产生素数模的实际访问地址（模地址和模内地址）。银河-I 主存模块快速地址变换实现方法的基本原理如下。

对采用 m 个模块交叉访问的主存，需对访问地址进行变换以求出模号 N_b 和模内地址 a。对 $m \neq 2i$（$i=1,2,\cdots$）的情况，地址变换要进行复杂的除法运算。为了减少流水线的建立时间，银河-I 中的地址变换分两站完成，每站的变换时间不准超过 17ns。下面给出主工作状态模 31 下的地址变换方法。

1. 模号 N_b 和模内地址 a 的计算公式

当银河-I 的主存处于主工作状态模 31（$m_p=31$）时，其主存容量为 2048KB，所以访存绝对地址 A 为 21 位二进制数：

$$A=a_0a_1\cdots a_{20} \tag{5-10}$$

为进行地址变换，从低位开始以 5 位为 1 组划分地址 A，记为

$$
\begin{aligned}
A_1&=a_0\\
A_2&=a_1a_2a_3a_4a_5\\
A_3&=a_6a_7a_8a_9a_{10}\\
A_4&=a_{11}a_{12}a_{13}a_{14}a_{15}\\
A_5&=a_{16}a_{17}a_{18}a_{19}a_{20}
\end{aligned}\tag{5-11}
$$

根据式（5-1），有

$$
\begin{aligned}
a&= A_1A_2A_3A_4+A_1A_2A_3+A_1A_2+A_1+[(A_1+A_2+A_3+A_4+A_5)/31]\\
N_b&\equiv (A_1+A_2+A_3+A_4+A_5)\bmod 31
\end{aligned}\tag{5-12}
$$

其中，$[(A_1+A_2+A_3+A_4+A_5)/31]$ 表示 $(A_1+A_2+A_3+A_4+A_5)/31$ 的商。

2. N_b 的实现方法

因 $\max(A_1+A_2+A_3+A_4+A_5)=1111100$，为 7 位二进制数，故第一站先求

$$
\begin{aligned}
S''&=A_1+A_2+A_3+A_4+A_5\\
&=\alpha_1\alpha_2S_1''S_2''S_3''S_4''S_5''
\end{aligned}\tag{5-13}
$$

第二站对 S'' 进行两次修正，求出 N_b。因 $\alpha_1\alpha_2$ 表示超过32的数，故要进行第一次修正，从 S'' 减去 $\alpha_1\alpha_2$ 个31，得到

$$S'=S_1''S_2''S_3''S_4''S_5''+000\alpha_1\alpha_2=\alpha S_1'S_2'S_3'S_4'S_5' \qquad (5\text{-}14)$$

经此修正后，$S'=\alpha S_1'S_2'S_3'S_4'S_5'$ 有4种不同状态（见表5-2），故需要进行第二次修正，采用逻辑方法表达。

表5-2 修正的逻辑表达式

状态	$S'=\alpha\,S_1'\,S_2'\,S_3'\,S_4'\,S_5'$	$N_b=S_1 S_2 S_3 S_4 S_5$
1	$0\,S_1'\,S_2'\,S_3'\,S_4'\,S_5'$ $(S_1'S_2'S_3'S_4'S_5'\neq 1)$	$S_1'S_2'S_3'S_4'S_5'$
2	$0\ 1\ 1\ 1\ 1\ 1$	$0\ 0\ 0\ 0\ 0$
3	$1\ 0\ 0\ 0\ 0\ 0$	$0\ 0\ 0\ 0\ 1$
4	$1\ 0\ 0\ 0\ 0\ 1$	$0\ 0\ 0\ 1\ 0$

最后，用表5-2中的关系，求出模号 $N_b=S_1 S_2 S_3 S_4 S_5$。

3. a 的实现方法

第一站，求出 $A_1 A_2 A_3 A_4+A_1 A_2 A_3+A_1 A_2+A_1$。为节省组件，将计算分为三段进行：

$$
\begin{array}{r}
A_1\ A_2\,\vert\,A_3\,\vert\,A_4 \\
A_1\ A_2\,\vert\,A_3 \\
A_1\ A_2 \\
+\qquad\qquad\quad A_1
\end{array}
\qquad (5\text{-}15)
$$

设 $A_2+A_3=H_0 H_1 H_2 H_3 H_4 H_5$，此值在计算 N_b 时已得到，因此，第一段为

$$A_1 A_2=a_0 a_1 a_2 a_3 a_4 a_5 \qquad (5\text{-}16)$$

该部分不必计算。

第二段为

$$
\begin{array}{r}
H_0\ H_1\ H_2\ H_3\ H_4\ H_5 \\
+\quad a_0\qquad\qquad\qquad\quad \\
\hline
a_4^*\ a_5^*\ H_1\ H_2\ H_3\ H_4\ H_5
\end{array}
\qquad (5\text{-}17)
$$

第三段为

$$H_0\ H_1\ H_2\ H_3\ H_4\ H_5$$

$$\frac{a_0\ a_{11}\ a_{12}\ a_{13}\ a_{14}\ a_{15}}{+\qquad\qquad\qquad a_0}$$

$$a_9^*\ a_{10}^*\ a_{11}''\ a_{12}''\ a_{13}''\ a_{14}''\ a_{15}''$$

（5-18）

第二站，完成模内地址 a 的最后计算：

$$a_0\ a_1\ a_2\ a_3\ a_4\ a_5\ H_1\ H_2\ H_3\ H_4\ H_5\ a_{11}''\ a_{12}''\ a_{13}''\ a_{14}''\ a_{15}''$$

$$\frac{0\ 0\ 0\ 0\ a_4^*\ a_5^*\ 0\ 0\ 0\ a_9^*\ a_{10}^*\ 0\ 0\ 0\ \alpha_1\ \alpha_2}{+\qquad\qquad\qquad\qquad\qquad\qquad\qquad\qquad\qquad F}$$

$$a_0'\ a_1'\ a_2'\ a_3'\ a_4'\ a_5'\ a_6'\ a_7'\ a_8'\ a_9'\ a_{10}'\ a_{11}'\ a_{12}'\ a_{13}'\ a_{14}'\ a_{15}'$$

（5-19）

其中，$F=\alpha+S_1'S_2'S_3'S_4'S_5'$，$\alpha_1\alpha_2+F$ 是 $(A_1+A_2+A_3+A_4+A_5)/31$ 的商，在计算 N_b 时已经得到。

银河-Ⅰ主存模块的主工作状态（模31）的快速地址变换就是按上述方法实现的，次工作状态（模17）的地址变换方法相同，不再赘述。

第三节　银河-Ⅰ系统软件的技术创新

银河-Ⅰ系统软件的技术创新主要包括：自主研发了分布式批处理操作系统YHOS、向量高级语言YHFT及数学子程序库等。

一、银河-Ⅰ系统软件的组成

银河-Ⅰ的系统软件包括操作系统、向量FORTRAN语言、汇编程序、标准子程序库、应用程序、专用程序包、监督诊断系统、工具语言和模拟器等。

1. 操作系统

银河-Ⅰ是具有高度并行处理能力的复合多机系统，为了与此相适应，它的一整套操作系统软件的功能也是分布式的。

（1）中央处理机操作系统

银河-Ⅰ的中央处理机操作系统是一款自主研发的操作系统，以批处理为主，具有多道程序，包括常驻内存程序，如资源管理、作业管理、I/O通道管理以及一些常驻磁盘的应用程序等。该系统由维护诊断处理机启动。

（2）维护诊断处理机操作系统

研发团队在维护诊断处理机原有操作系统（PDP-11计算机实时操作系统RSX-11M）的基础上，对其加以改造和扩充。改进后的操作系统仍在维护诊断处理机上运行，但能与中央处理机操作系统联系。

（3）用户处理机操作系统

研发团队对该机原有操作系统加以改造和扩充，主要改进方面是与中央处理机联系的驱动程序和通信程序。改进后的操作系统可以接收用户的作业和操作员命令，并将计算结果交付用户。该操作系统在用户处理机上运行。

2. 向量FORTRAN语言

银河-I的向量FORTRAN语言是一种高级程序设计语言，它的编译程序以国际软件标准FORTRAN77为文本，在此基础上扩充了数组（向量）运算，充分发挥了计算机硬件的向量处理能力。它配有向量识别器软件，可识别隐匿在串行算法中的向量运算成分，可以自动实现串行运算向量化。对于程序人员要处理的个性化向量问题，银河-I也提供了方便，它可运行用向量FORTRAN语言直接编写的有关程序。

3. 汇编程序

银河-I的汇编程序允许用户用符号语言编写程序，这样可以更有效地发挥主机并行处理的优势。汇编程序具有宏汇编和微加工能力，可以对各模块进行独立汇编。

4. 标准子程序库

银河-I的系统软件有单精度和双精度算术子程序共计166个，包括标量和向量两种，可被FORTRAN语言和汇编语言调用。这些子程序与用户程序的其他部分一起组成了在主机（主要指中央处理机，后同）上运行的整个用户程序。

5. 应用程序

银河-I的应用程序由操作系统管理和调用，其中一些是为了方便用户而设的，另一些是为了满足软件系统本身的要求，对软件系统各部分起一定的连接作用。

6. 专用程序包

银河-Ⅰ的专用程序包有若干个能直接解决部分用户特殊问题的专用程序，一般用符号语言和FORTRAN语言编写。用户可根据自己的需要对该程序包逐步扩充和增补。

7. 监督诊断系统

银河-Ⅰ的监督系统在维护诊断处理机上运行，它接收主机的工作状态或错误信息，实时进行分析，记录工作状态或决定是否将其停止并转入诊断。

诊断系统分为两部分：一部分在维护诊断处理机上运行，对主机的各部分进行诊断；另一部分在主机上运行，对主机的各大部分进行检查，并连接主机与维护诊断处理机，以便信息传输。

8. 工具语言和模拟器

银河-Ⅰ的工具语言和模拟器是软件的研究工具，在PDP-11/70上运行。

工具语言是主机汇编语言的一个子集，其所有指令与机器指令一一对应，没有宏指令。在PDP-11/70上，工具语言将用符号语言编写的程序汇编成用二进制代码表示的、可在主机运行的程序。

模拟器在PDP-11/70上解释并执行主机的二进制程序，并且有较好的程序调试手段和一定的性能分析能力。

银河-Ⅰ系统软件的技术创新主要有以下3个方面。

第一，自主研发了分布式批处理操作系统YHOS。银河-Ⅰ的主机可承接128道作业，其中63道可在操作系统上同时运行。该操作系统允许用户指定某道作业为特惠作业，可优先占用各种系统资源；还允许用户随时记盘下机或调盘上机，以利于用户分段算题。银河-Ⅰ的操作系统采用分层模块化结构程序设计，各模块的功能相对独立、接口清晰、可扩充性强，与Cray-1的操作系统相比功能更全。

第二，自主研发成功向量高级语言YHFT。根据巨型计算机的特点，银河-Ⅰ的向量高级语言在国际标准文本（FORTRAN77）的基础上扩充了向量运算，利用基本块优化、表达式优化和目标代码优化等三级优化技术，较好地发挥了银河-Ⅰ硬件的效率。YHFT还配有向量识别器，采用将新的下标追踪法与传统的坐标法结合的向量分析和识别方法，增强了识别功能，可以识别包含GOTO语句和3种IF语句的DO循环体，使之也能向量化。

第三，独立开发出数学子程序库。银河-Ⅰ的数学子程序库除了包含FORTRAN软件的所有内部函数外，还包含各种向量子程序，总计达80类、292个模块。由于对并行算法和并行程序设计的深入研究，银河-Ⅰ的数学子程序库不仅功能、数量比Cray-1多，而且精度、速度都优于Cray-1。

下面简要介绍这3种系统软件技术创新的基本情况。

二、自主研发的操作系统

银河-Ⅰ的操作系统是由"785工程"软件研发团队自主研发的，称为YHOS。该操作系统是一套有机的整体，有3个不同的部分：中央处理机操作系统、维护诊断处理机操作系统、用户处理机操作系统。其中，中央处理机操作系统是主要部分，它的简要情况如下。

1. 结构

银河-Ⅰ的中央处理机操作系统是三层结构（见图5-6），采用自底向上、逐步扩充的方法设计。最基本的物质基础是机器的硬件，将硬件扩充一步，就是操作系统的核心层——管理程序（Executive Program，EXEC）层。在具有EXEC的虚拟机基础上继续扩充，即为系统任务处理程序（System Task Processing Program，STP）层。STP可以向EXEC发出指令请求，而EXEC不可向STP发出请求，这就是银河-Ⅰ中央处理机操作系统层次结构的单向依赖关系。在STP的基础上再进行一次扩充，就是控制语句处理程序（Control Statement Processing Program，CSP）。CSP装配在用户区，也就是用户层。

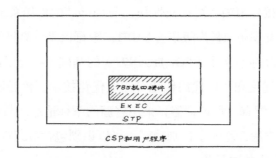

图5-6　银河-Ⅰ中央处理机操作系统的结构（来源：国防科技大学计算机学院，档案原件）

银河-I 中央处理机操作系统各层内是模块化的。各个模块相互独立，但在操作系统中，模块之间要实现全序结构是很困难的，因此采用半序结构，即在某些特殊情况下，允许一些模块有循环调用关系。

银河-I 中央处理机操作系统层次结构的最大特点是把整体问题局部化，把一个大型的复杂系统分解成几个单向依赖的层次，使研发人员对整个系统的全局了解变成对各层的局部了解，因而便于工作。这样，一个大系统的正确性和可靠性问题，便转化成几个独立的、相对较小的系统正确性和可靠性问题，因而可以大大提高整个系统的可靠性。层次结构虽然有其优点，但也不应过多地分层。层次过多不仅会加重各层的转换工作，影响系统效率，还会使问题支离破碎，反而不利于系统的开发和效率的提升。因此，银河-I 软件研发人员对中央处理机操作系统的设计以 3 层为宜。

2. 功能

① 管理程序（EXEC）：在管态（系统态）下运行，是银河-I 中央处理机操作系统的控制中心，可实现中断的响应与处理、进程与任务的调度、系统请求的处理、I/O 通道的管理等。

② 系统任务处理程序（STP）：在目态（用户态）下运行，是银河-I 操作系统的主体部分，可实现存储调度、作业调度、外围系统管理、机器错误处理等。

③ 控制语句处理程序（CSP）：在目态下运行，负责解释和执行所有作业控制语句或发出适当的系统请求。

3. 特点

（1）操作系统设计扬长避短，能够充分发挥系统效能，实现高速度

银河-I 中央处理机的向量运算能力很强，但标量运算能力较弱，而外围系统却相反。为了发挥全系统效能，外围系统的工作要以保证主机工作为主，承担了大部分 I/O 处理工作。外围系统使用分时系统。银河-I 的内存容量很大，但对用户而言，内存大小可能不是最重要的，用户的主要需求是"速度快"。一般巨型计算机采用的虚拟系统是以时间换取空间，而且时间花费还比较大。为此，根据银河-I 的硬件情况和应用目的，中央处理机操作系统没有设计成虚拟

系统，而是设计成了以批处理为主、具有多道程序的操作系统。这是因为批量处理的形式更适合银河-I主机效率的发挥。同时，银河-I中央处理机操作系统主要都是一些常驻的内存程序，可以节约内外调度的时间，保障了全系统高速度的实现。

（2）操作系统在解决大型科学计算问题方面具有优越性

科学计算中的大型算题一般占内存较多、运算时间较长。银河-I中央处理机操作系统重视这些特点，允许主机内存被多个大型算题较长时间地占有，不轻易用时间片段将其打断，不轻易将其搬出内存，在计算过程中也不频繁地换道。用户程序的所有I/O都先以数组的形式送到大容量存储器子系统上，然后依次与外围系统进行交换、处理，保证用户的算题不会因为（或较少因为）等待I/O而被挂起。

（3）操作系统的结构简洁，控制简单

银河-I中央处理机操作系统的三层结构（管理程序、系统任务处理程序、控制语句处理程序）层次分明、功能清晰，可实现对数组、文件、记录的三级管理，基本与具体物理设备脱离，比较容易控制，也有利于加快查找速度。操作系统各系统任务的划分以资源集中管理为理论基础，这样可以免除一些死锁带来的麻烦；任务之间的通信采用链接方式，这样既有利于发挥系统效能，又和银河-I硬件的特点匹配。

三、自主研发的向量高级语言

银河-I向量高级语言YHFT由科研人员自主研发，根据银河-I的特点，在国际标准软件文本FORTRAN77的基础上扩充了描述向量运算的语言成分。YHFT允许把整个数组（或子数组）作为运算对象，把表达式扩充为数组表达式，把赋值句扩充为数组赋值句，用户使用这些语句成分即可编出可在银河-I上高效运行的并行计算程序。YHFT兼具向量运算识别功能，它能够把FORTRAN原始程序改造成数组运算尽可能多的YHFT程序。

1. 功能

① 在FORTRAN77基础上扩充数组（向量）运算，使YHFT既适合描述串行算法，又适合描述并行算法。

② 配备向量识别器，以识别隐匿在串行算法中的向量运算成分，自动实现串行运算向量化。

③ 含有覆盖系统，对大型程序用户可以自行组织高效的覆盖调度。

④ 容许套用银河-I 汇编语言程序段作为外部过程段。

⑤ 提供较方便的调试手段和调试工具。

2. 特点

（1）扩充了向量语言成分，可描述向量运算

传统的 FORTRAN 语言和当时最新的国际标准软件文本 FORTRAN77 都属于标量程序语言，用这些语言编制的程序是标量运算程序，即使把它们放在向量计算机上运行，也只能进行低效的标量运算。为发挥银河-I 向量运算的特性，YHFT 在包含 FORTRAN77 全集的同时，增加了短整型数据类型、缓冲 I/O 语句、布尔常数、调试语句标志等进行向量运算的语言成分，成为一种先进的向量高级语言，在描述向量运算的简洁性和发挥硬件有效性等方面作用突出。

（2）首创增设向量识别器，填补了国内空白

YHFT 的另一个特点就是增加设置了向量识别器的智能服务程序，它可以把通常使用的标量串行 FORTRAN 程序中潜在的并行运算成分识别出来，并加以改造，用向量语句来描述它们，使标量程序自动实现向量运算。向量识别器可以用来改造串行程序，提高效率。用户也可按向量识别器的要求，用串行的 FORTRAN 语言编制程序，这样就能够在标量计算机上调试适合向量运算的程序，增加调试向量程序的手段。向量识别器是当时国际上一种比较新颖的技术，国内还没有相关的软件产品，YHFT 填补了国内这方面的空白。

四、独立开发的数学子程序库

银河-I 数学子程序库是研制团队根据实际应用情况独立开发和扩充的一套基础软件，也是用户极为关心、系统必备的应用软件，用户在使用银河-I 的过程中会频繁地使用它。标准子程序的数量直接影响用户使用机器的方便性，而标准子程序的质量不仅会影响处理的效果，还会影响银河-I 的效率。因此，数学子程序库是银河-I 系统软件的重要组成部分。

银河-I数学子程序库有80个类型，共292个模块，总程序量在6万条以上。多数标准子程序含有寄存器保护、不保护、标量、向量4个模块，每个程序模块都有良好的报错功能。数学子程序库的主要内容有初等函数、幂函数、伪随机数、FORTRAN内部函数、双字长四则运算、多字长四则运算等。

国家技术技术鉴定组专家的考核结果显示：银河-I的数学子程序库具有精度高、速度快、内容丰富、接口标准、可靠性好等特点，达到了标准子程序的设计指标，是银河-I系统软件中高质量的应用软件。

第四节　银河-I技术创新的特点

银河-I技术创新的特点可被概括为：高速度、高效简洁和高可靠性。

一、高速度

银河-I在体系结构上采用了向量运算的双阵列处理、独立专用的多功能部件、全面流水线结构等一系列创新技术，先进的并行技术和重叠技术得到了充分发挥，这使银河-I的向量运算速度最高可达1.4亿次/秒左右。对纯标量运算来说，银河-I的运算速度也能达到1300万IPS左右，非一般标量计算机可比。综合各方面的运算效果，银河-I的平均运算速度可达1亿次/秒以上。

1. 银河-I的向量运算速度

在银河-I之前，我国研制的计算机大多属于标量计算机，往往把"平均每秒执行各种指令的条数"（Instructions Per Second, IPS）作为评价计算机的运算速度的指标。对向量计算机来说，由于采用了数据成组运算，指令的功能大大加强。例如，银河-I向量运算的长度最大为128，即一条向量运算指令可完成128次运算。在这种情况下，用IPS作为机器运算速度的评价指标已经不合适。用"平均每秒可获得多少个运算结果"作为向量计算机运算速度的评价指标似乎更加恰当。但是，这样又缺少了与过去标量计算机运算速度的比较，没有了相对的概念。为了适应过去的习惯，可采用以下方法来估算银河-I的向量运算速度。

（1）对比法

以一台已知运算速度的标量计算机作为标准，选择一些典型的科学算题，分别在这台标量计算机和被测向量计算机上编制各自的最优化程序并运行，将它们解题所需的时间换算对比，从而得出向量计算机的速度。

现以国产大型标量计算机151-Ⅲ作为标准。151-Ⅲ的主频为3MHz，现评定其单机64位字长的运算速度为130万IPS，平均完成1次浮点加法的时间为2.54拍、浮点乘法为8拍、浮点除法为18拍、其他运算为1.5拍。

银河-Ⅰ的主频为20MHz，是151-Ⅲ的$\frac{20}{3}$倍。

按拍数计算，银河-Ⅰ的浮点加法速度比151-Ⅲ快2.3倍、浮点乘法快7.3倍、浮点除法快5.5倍、其他运算快1.4倍。综合几个典型算题试编程序的运算情况，按拍数计算，银河-Ⅰ执行各种运算的速度平均比151-Ⅲ约快3.2倍。

151-Ⅲ只有1个通用功能部件，而银河-Ⅰ具有独立、专用的多功能部件，可并行使用，还有十多个数据传送通路也可并行操作。根据典型算题的效能分析，银河-Ⅰ执行向量指令的并行为2～3，取其平均值2.5。

银河-Ⅰ的运算部件具有双向量阵列结构，因此向量运算速度又提高1倍。

综上所述，银河-Ⅰ执行向量运算的速度为151-Ⅲ标量运算速度的$\frac{20}{3} \times 3.2 \times 2.5 \times 2 \approx 107$倍。151-Ⅲ的标量运算速度为130万IPS，则银河-Ⅰ的向量运算速度约为1.39亿次/秒。

（2）浮点结果折算法

向量计算机一般用FLOPS来评价机器运算速度。对同一台机器而言，FLOPS比IPS小得多，这是因为在一个解题程序中，浮点运算的指令只占小部分，还有大量其他指令，如访问主存、逻辑操作、转移指令及其他服务性指令等。按FLOPS评判算法，美国早期巨型计算机STAR-100和TI-ASC每秒平均只能得到600万～2000万个浮点结果（6～20MFLOPS）。

银河-Ⅰ有2组浮点功能部件，每组各有3个功能部件。就每一组而言，根据效能分析，浮点功能部件的并行度为1～1.4，现取其平均值1.2。向量运算时，两组浮点功能部件并行操作，总的并行度为1.2×2=2.4。银河-Ⅰ的主频为20MHz，即每秒平均可得4800万个浮点结果（48MFLOPS）。

一般认为，按标量运算求得1个浮点结果需3～5条指令，现取该值为3，则银河-I的向量运算速度折算为标量运算速度,就是1.44亿IPS。

2. 银河-I的标量运算速度

标量运算速度就是指执行纯标量程序时的平均运算速度,即每秒执行多少条指令。

在银河-I中,可用的标量功能部件共有9个,且全为流水线结构,还有相应的寄存器和后援寄存器,它的运算速度主要受指令流量的限制。如前所述,银河-I的现行指令落在指令缓冲站内的概率高达99%以上;而解题程序中,大多数指令是短指令,约占90%,长指令只占10%左右。对指令控制器而言,在不存在阻止指令流出的条件下,短指令每拍可流出1条,长指令每2拍可流出1条。这样,流出1条指令所需的拍数平均为$1 \times 90\%+2 \times 10\%=1.1$(拍)。

实际上,由于会出现访问主存有冲突、操作数相关、指令缓冲站未命中及执行转移指令等情况,指令的流出会被阻止。为此,银河-I采用了许多创新的措施,如主存模31交叉访问、独立专用的多功能部件、多通用寄存器与后援寄存器等,使阻止指令流出的情况大为减少。指令流出效率一般为0.6 ~ 0.8,而银河-I的主频为20MHz,可得银河-I的标量运算速度为1090 ~ 1450万IPS。

银河-I的标量运算速度虽然比向量运算速度慢得多,但是与一般标量计算机相比,还是相当快的。例如,与151-III相比,银河-I的标量运算速度提高了一个数量级。

3. 银河-I的平均运算速度

在向量计算机上解题,不都是向量运算,还会有一些标量运算,它们之间的比例会因算题的不同而不同。在银河-I中,一般向量长度为128,执行1条向量运算指令约需70拍。在向量指令序列中穿插的大量标量指令,可以在向量运算过程中被吸收。但对于某些算题或某些程序的某一段,有些标量运算必须与向量运算串行,在此情况下,机器的平均运算速度下降的程度与纯标量运算和向量运算的时间比例有关。以向量运算占比来评价,向量运算占75%以上为高效,向量运算占50% ~ 75%为中效,向量运算仅占50%以下则为低效。根据上面的估算,银河-I的向量运算速度可计为1.4亿次/秒,标量运算速度可计为1270万IPS。当向量运算时间占75%时,可以得出银河-I的平均运算速度为$1.4 \times 75\%+0.127 \times 25\% \approx 1.08$(亿次/秒）。

综合上述3种算法可知，银河-Ⅰ确实能够实现1亿次/秒以上的平均运算速度。

二、高效简洁

银河-Ⅰ在技术上具有非常突出的特点——结构简洁、控制简单、运行高效，它贯穿了整个系统研制的各个方面，主要表现如下。

① 银河-Ⅰ运用了软硬结合的思想，指令系统整齐，功能简明，每条指令执行的操作比较简单，硬件实现较容易。

② 银河-Ⅰ采用专用的独立功能部件，每一个功能部件只完成一种或几种相近的操作，功能针对性强，控制非常简单。

③ 银河-Ⅰ采用多通用寄存器和后援寄存器，可为运算部件提供所需的操作数并寄存中间结果，避免了一般大型计算机所采用的控制复杂的先行控制技术。

④ 银河-Ⅰ采用容量庞大的页式指令缓冲站，指令的调度和流出的控制简单，并采用控制指令流出的办法避免相继指令之间的矛盾与操作数相关，简化了指令控制器和存储访问控制器。

⑤ 银河-Ⅰ的存控和主存采用流水线技术，控制方式简易而有效。

⑥ 银河-Ⅰ的24个I/O快速通道以一个统一的请求源访问主存，存控以定时扫描的方法分时响应各通道组；外围系统仅有16条信息线和三四条控制线与通道联系，除此之外没有其他状态或功能命令，这些信息像数据一样被处理，使通道结构和操作方式格外简洁。

⑦ 银河-Ⅰ有简单的中断系统和换道机构。由于银河-Ⅰ是功能分布式复合多机系统，大量的外部中断都由外围系统处理。不仅如此，中央处理机产生的一些中断由维护诊断处理机处理，从而使银河-Ⅰ的中央处理机本身要处理的中断减至最少。换道机构用硬件实现，换道操作简单。

⑧ 银河-Ⅰ功能分布式的系统特点，带来了操作系统的简化。中央处理机和外围系统各有分工，它们的操作系统只负责本机的作业管理，功能针对性强。银河-Ⅰ主要用来解算大型题目，所以中央处理机的操作系统以批量处理为主；而数据的I/O、预处理和格式加工等都由外围系统负责。

⑨ 银河-I主要用于大型科学计算与工程课题,任务集中、明确,因此程序语言和编译系统也就可能少而精。

不论是从硬件角度还是软件角度,银河-I确实是结构简洁、控制简单、运行高效,这样就便于设计、生产、调机和维护,有利于提高整个系统的可用性和可靠性。

三、高可靠性

可靠性是评价计算机性能的一项重要指标,一般用计算机的平均故障间隔时间来衡量。亿次级巨型计算机的运算速度很快,功能很强,因此这项指标显得格外重要。银河-I的高可靠性主要得益于以下技术创新措施。

1. 奇偶校验

银河-I在关键的数据传输通道上采用奇偶校验系统,奇偶校验点的具体安排如下。

① 存储器和存储访问控制器之间的地址和数据传输通道。

② 运算部分的地址寄存器、标量寄存器和向量寄存器与有关功能部件之间的数据传输通道。

③ 指令缓冲站至下一个指令寄存器,及低部指令寄存器之间的指令传输通道。

④ 指令控制器中的微命令库。

⑤ I/O通道。

2. 双工比较

银河-I利用双向量阵列、存控双通道的特点,无须增加很多器材即可适时进行双工比较并报错。在各主机部分设立错误寄存器,记录发生奇偶错误或双工比较错误的部件,以便发出中断信号,为维护诊断处理机提供分析故障的手段。

3. 海明码校验

银河-I在存储器中采用海明码校验,可自动纠一位错、检测两位错。据统计,存储器中的一位错占总出错的80%左右。采用海明码校验纠一位错,可使存储器的可靠性提高9倍左右,效果显著。

4. 主存储器模31和模17的切换

正常运行情况下，银河-Ⅰ的主存储器在模31状态下工作。当主存储器有模块发生故障时，可通过置换插件板和扳动开关的办法迅速切换为模17工作状态降级使用，使整个系统仍然可以继续正常运行。

5. 诊断技术

为缩短维修时间、迅速排除故障，银河-Ⅰ专门设有一台维护诊断处理机，它除启动中央处理机并使之工作、监视其运行状态以外，主要对中央处理机进行诊断。它根据中央处理机出错的中断信号，分析有关错误寄存器的内容，确定故障部位；通过检查程序发现的故障，启动有关诊断程序，进行测试码的布点和回收，借助诊断字典，进行故障定位，要求故障定位精度能达到插件板一级。

银河-Ⅰ实现了高可靠性，全系统平均故障间隔时间在144.05小时以上（国家鉴定考核时），直至达到441小时（正式运行后），可用率为99.1%。

第六章
银河-I 的工程创新

工程创新是指对于特定工程项目的思想理念、发展战略、工程决策、工程设计、施工技术与组织、生产运行优化等方面，在一定边界条件下，努力寻求和实现它们的集成和优化。银河-I 的成功研制是我国大科学工程实施的典范之一，它从立项之初就是一项代号为"785工程"的工程任务。因此，银河-I 的创新，除了包含其本身科学技术方面的创新之外，还有工程创新的部分。

第一节 银河-I 的工程组织管理创新

一、工程行政指挥线

本书第4章中绘制了银河-I 研制的技术指挥线，图6-1所示为银河-I 的工程行政指挥线。

图6-1 银河-I 的工程行政指挥线（本书作者绘）

二、工程组织管理特色

作为成功的大科学工程项目，银河-I 的工程组织管理十分科学又富有特色，主要包括以下4个方面。

1. 垂直领导有力

银河-I 工程（早期称"785工程"）立项后，领导小组采取了系统工程的科学方法，立即建立了由国防科委（后更名为国防科工委）、国防科学技术大学，以及该校计算机系兼研究所、研究室、专业组构成的完整组织指挥体系。

在国防科委层面，张震寰副主任亲自挂帅"785工程"领导小组组长，发扬"两弹一星"工程的好传统、好作风，采取"一竿子插到底"的垂直指挥方式，经常带领工作组深入工程一线，坐镇检查监督，及时发现和解决问题。他还建立起北京与长沙之间的指挥"热线"，对研制工作实施强有力的指导，几乎每天都有关于研制进展的电话交流，连续五年从未间断。原国防科委四局干部、"785工程"领导小组办公室副主任唐遇鹤回忆："张震寰副主任多次讲，只要是亿次机的事，任何人都可以直接打电话找他或当面谈。急需办的事，不准拖延，谁延误谁负责。"

在国防科学技术大学层面，银河-I 工程作为该校组建后的首个重大项目而得到了高度重视，在张衍校长和李东野政委的直接关心下，该校迅速成立了国防科学技术大学"785工程"领导小组（简称校工程领导小组），由张文峰副校长担任组长，慈云桂副校长和董启强副政委担任副组长，苏克担任校工程领导小组办公室主任。校工程领导小组在学校人员调动、资源配置、协作任务安排、材料设备购进、工厂改建施工、机房设计建造，以及设备研制等工程各个阶段的进展和检查上，都做了非常扎实的工作。

在国防科学技术大学计算机系兼研究所层面，工程组织层次按银河-I 工程的实际执行划分出所、室、组三个管理层次。当时，慈云桂是学校副校长，同时兼任计算机系兼研究所负责人。在银河-I 工程中，他既是工程总指挥又是技术总设计师，科研与管理"一肩挑"，有效连接"上"与"下"，在整个工程中发挥了至关重要的作用。

2. 横向协调有序

国防科学技术大学计算机研究所是银河-I 工程的具体承担单位，这项工程时间紧、人员多、任务重，想要有条不紊地推进工作，内部协调很关键。该研究所经常定期组织召开室领导联合会议，室领导既是行政领导，又是银河-I各分系统的业务主管，可以现场协调和解决工程实施过程中的各种问题。有时问题一出现，联合会议就召集有关领导到现场、看现象、找原因，集体分析问题、想办法，群策群力解决问题，甚至深更半夜出现情况也不等天亮，马上将有关领导从家中找来研究并解决问题，确保问题"不过夜"。

在银河-I工程推进过程中，有关全局性的问题，如系统总体方案、各系统之间的接口关系等，由校工程领导小组组织技术骨干集体研究讨论，并保证各部分之间的协调配合。工程办管理人员深入一线、现场办公，在人力调配、物资供应、水电保证、医疗保健、日常生活等方面都给予及时、妥善的安排，使科研人员无后顾之忧，能够全身心投入工程之中。

3. 网状合作有效

银河-I研制工程是国家重大科研项目，除了承担单位——国防科学技术大学计算机研究所之外，还有多家兄弟单位参与，合作体系像一张"大网"一样覆盖全国，体现了举国体制和社会主义大协作的优势特色。这些单位主要有：湖南大学、湖南师范学院、湘潭大学、武汉大学、复旦大学、石油部物探局、冶金部鞍山钢铁研究所、核工业部九院九所、西南计算中心（十二所）、航天工业部七〇一所、航天一院和二院的计算站，以及国防科学技术大学本校内的二系、三系、四系、七系、实验工厂、印制厂等单位，他们都直接参加了银河-I工程的研制任务。

广州机床研究所、北京半导体器件一厂、北京无线电元件二厂、衡阳晶体管厂、洛阳七〇四厂、重庆东方红试制厂、杭州市解放变压器厂、科后进口部晓峰公司等，为银河-I研制提供了关键设备和器材。

中国科学院计算所、电子部华北计算所和华东计算所、总参第五十六所、航天部七〇六所和〇六八基地、国防科工委二十一基地、二十四基地、二十六基地等兄弟单位也都给予了技术和人员方面的大力支持。

国内30多家协作单位大力支援，为银河-I工程的顺利完成做出了积极贡献。

4. 全程严控有劲

银河-I研制是一个庞大而复杂的系统工程，必须全过程严格控制工程进度和工程质量，否则难以完成任务。为此，校工程领导小组在深入调查研究的基础上，运用系统工程管理的原则，对整个工程的工作量和重难点进行了科学考量，制订出了详细的研制计划和工程进展流程图，并将其作为全体参研人员执行任务和各级领导掌握工程进度的依据，使大家都能够十分清楚各自所承担的项目、内容、难点、要求、工作量和完成任务的时间。对于各部分工作之间的联系、各阶段之间的衔接关系以及对物资的需求等，做到人人心中有数。

银河-I 工程各阶段任务明确、重点突出：1978年，重点抓总体方案的论证，突出亿次级巨型计算机要具有技术上的先进性和工程上的可行性；1979年，重点抓模型机与硬件设计，突出抓逻辑设计的正确性；1980年，重点抓主机生产，在生产中突出抓工程质量和产品的合格率，以及如何降低元器件材料的消耗；1981年，重点抓硬件系统调试与软件设计；1982年，重点抓硬件系统联调与软件调试；1983年，重点抓软件系统联调、试算与国家鉴定。在调试过程中，突出抓各系统之间接口和整个系统运行的可靠性、稳定性，以及如何提高运算效率。为了争取任务完成时间，整个工程的各个阶段（设计与生产、生产与调试、硬件与软件、调试与试算）都是交叉和并行推进的，上一阶段的工作还没完成，下一阶段的任务就又开始了。在遇到关键阶段和瓶颈问题时，还会及时组织科研"大会战"来集中攻关。

严把质量关，是银河-I 生产成功的关键。计算机工厂在整个银河-I 工程生产环节中贯彻"三严"作风，按照工程流程严格建立岗位责任制和产品检验制度，全体人员都牢固树立了"质量第一、精度第一""没有质量，就没有进度"的思想，创造了银河-I 高密度锡焊底板组装和绕接的230多万个焊点无虚焊和挂锡、主机底板工程化设计100%正确等一系列工程工艺上的奇迹。

第二节　银河-I 的工程工艺与技术创新

工艺是人们对在劳动与生产中积累、提炼的操作技术经验的总结。工程工艺与技术创新是指在工程中对生产工艺流程及制造技术进行改进的创新活动。在总设计师慈云桂所作的《"七八五"工程银河亿次机研制报告》中，他对银河-I 工程工艺与技术方面的创新概述如下。

高密度组装工艺

为了保证主机在20兆赫主频下稳定工作，获得尽可能高的运算速度，银河-I

采用了高密度组装工艺，包括了：采用阶梯式圆弧状柱体机柜结构，缩短了走线距离；采用高精度、高密度、高可靠性的插件印制板和印制底板及其贴模反镀法生产工艺；采用高密度锡焊底板组装和绕接工艺，印制线、双扭线、三扭线混合传输线结构，获得良好的信号传输性能；采用加固大插件结构和插件平插方式等。使得机器结构美观大方，电性能良好，维护使用方便。

维护诊断技术

在银河-Ⅰ的整个研制中，十分重视主机的可维性设计，并积极采用它机诊断技术，使银河机具有较高的可维性和可用性，主要有：

① 三控部分利用双阵列部件比较、双数据通路比较、关键控制部件双套比较、奇偶校验，进行了全面的可测性布局，硬件只增加5%，大部分故障（包括瞬时故障）都可以及时检测，并为插件级故障诊断创造了极有利的条件。

② 主存储器采用可纠一位错、检测多位错的海明码校验系统，大大提高了可靠性，并设有完整的自检手段，维护方便。特别是，主存校验系统的许多重要信息（包括访问源、体号、体内地址和纠错码等）均可以由软件回收，从而保证了存储体故障的准确定位。

③ 通过集中式诊断处理部件，在硬件结构基本不变的情况下，可以从诊断维护机向银河-Ⅰ主机扫入扫出各种控制信息（包括时钟控制），回收所有硬校验信息，为它机诊断和自动调机提供了有力手段。

④ 自主建立了部件级、插件级、组件级三级诊断系统，诊断速度快，定位准确，使用方便。主机插件级诊断可以对绝大部分固定性逻辑故障隔离到3块插件以内，大大缩短了银河机的维修时间。

⑤ 开发了各种故障诊断生成软件，如面向诊断的硬件描述语言DDL-D及其翻译器、随机码生成技术、测试码生成算法、逻辑故障模拟算法和权"3"压缩映象故障字典等，有效地解决了复杂功能部件和逻辑插件的测试生成问题。

计算机辅助设计、生产、测试和调试

① 研制了自动插件测试台、插件双比测试台、存储插件测试台等多种插件测试设备；开发了自动、半自动印制板布线软件，作为插件、底板工程化设计的有效辅助手段。

② 研制了光点扫描照像控制机，自动钻床控制机和快速导通测试仪等自动、半自动生产和测试中的关键工艺设备，解决了高精度、高密度多层印制板生产和测

试中的关键工艺，对保证生产进度和质量起了重大作用。

③ 在设计过程中广泛采用了模拟技术，验证了系统设计、逻辑设计、硬件算法和微程序库等，保证了各种设计的正确性，有效地缩短了研制周期。

④ 在硬件研制的同时，在PDP-11/70机上研制了工具汇编和具有性能分析功能的交互式模拟器，使得银河巨型机软件调试工作的起步时间提前了一年半，并节约了大量银河-I 主机机时，大大加快了软件研制进度，有效地进行软件性能测试，提高了软件的质量。

⑤ 银河-I 主机调试中，改革了调机方法，采用微型机调试，不但能迅速而严格地检查各部分功能，且能将错误现场打印出来，便于分析研究，也易于在调试过程中实施频率拉偏和电压拉偏实验。在软硬件系统调试中，研制了软硬件调试工具，利用PDP-11/70机进行交互式调机，摆脱了传统的利用控制面板调试方法，实现了调机自动化，提高了调机质量，加快了调机进度。

高效通风散热系统

为解决高密度组装带来的散热问题，在理论分析的基础上，通过大量实验，研制了平行短风路均匀送风的风冷散热系统，进出口风温之差小于7摄氏度，使得主机内各组件管壳上表面温度小于58摄氏度，温差小于25摄氏度，提高了系统的抗干扰能力，增加可靠性，延长组件寿命。

低压大电流不稳压直流供电技术

低压大电流供电在计算机系统中是一个突出问题，特别是采用电流较大的ECL电路以及高密度组装，使电流密度急剧加大。银河-I 主机电流电源电压仅为-5.2V和-2V，而所需电流则各近3000安培。若用传统的直流稳压电源，其体积可能比主机柜还要大得多，且效率低，不可靠。技术人员解决了六相一十二相大功率低压变压器工艺，与并行馈电等关键问题。首次采用交流稳压、整流滤波的并行电源馈电系统，效率高，可靠性高，且全机各点压差小，提高了系统的稳定性。

下面，分别简要介绍这5种银河-I 工程工艺与技术创新。

一、高密度生产与组装工艺

机械结构和生产组装工艺对巨型计算机性能的发挥有着重要的影响，甚至可能成为整个工程研制成败的关键。银河-Ⅰ在工程上采用一系列高密度生产与组装工艺技术，尽可能以最小占用空间、最短的走线获得较低的延时和较强的抗干扰能力，使得机器达到尽可能高的性能。

1. 阶梯式圆弧状柱体机柜机械结构

对巨型计算机来说，如何设计使用科学合理的机械结构进行搭建、缩短整机连线长度，是一个必须十分重视的问题。因为每多1m走线会增加6～8ns的延时，这已成为限制机器工作频率和运算速度的重要因素。传统的巨型计算机一般采用多个立方体机柜并行排列的机械结构，而美国Cray-1采用了环形结构，巧妙地缩短了机柜之间的走线距离，确保了良好的高频信号传输特性和散热性能，同时整体造型坚固耐用，机器维修方便、简洁美观。

银河-Ⅰ研制团队借鉴了Cray-1的机柜结构设计思想，主机采用了一种阶梯式圆弧状柱体机柜机械结构。它是由7个楔形机架和7个楔形底座围成的约252°的圆弧状柱体，柱体高度为2.2m、外径为2.3m、内径为1.2m，底座高度为0.42m、外径为3.2m（见图6-2）。其中，每个机架可安装7块底板，最多可装98块插件，插件可水平插入机架两侧壁的导轨中；底座内部安装了供对应机架使用的直流电源，底座上面安装了人造革的垫子，可供工作人员进行维修和保养时就座或蹬踩。

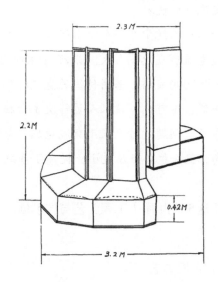

图6-2 银河-Ⅰ主机机柜的机械结构外形（来源：国防科技大学计算机学院，档案原件）

2. 高精度、高密度、高可靠性插件的工程化设计

插件是巨型计算机的最小单元，也是最基本的部件。20世纪70年代末80年代初，美国的一些巨型计算机开始采用超大规模集成电路技术，在工程上放弃了传统的插件式结构，而改为把组件直接安装在机器底板或冷却管上。对银河-Ⅰ 而言，由于它混合使用大、中、小规模集成电路，因此采用插件式结构还是比较合适的。银河-Ⅰ 的插件采用加固大插件平插式结构的工程化设计，整机插件结构美观大方、电性能良好、维护使用方便。

（1）插件的选择

对于银河-Ⅰ 插件的选择，就是选择插件的形式和尺寸、安装的元件及使用的插脚数等，使其能达到高密度组装的目的。随着大规模集成电路的使用和元件安装密度的提高，插件上可装组件的数量除了受到插件尺寸大小的限制之外，往往还受插件插脚数的限制。当整机使用的组件总数一定时，插件上安装的元器件数越少，则整机插件数就越多，因而整机连线长度就越长。统计表明，当插件的信号插脚数为60个时，插件上平均只能装12个组件，机柜连线总数约为10.7万条；若插件的信号插脚数增加到150个，则插件上约可安装73个组件，机柜连线总数可减少到约4.3万条；若插件信号的插脚数继续增加，则整机连线总数还可以减少。

为保证插件在当时最佳工艺技术水平下进行高密度组装，同时尽可能缩短整机连线长度，银河-Ⅰ 工程最终采用的插件设计尺寸为240mm×280mm，信号插脚为154个，插件上最多可安装16脚双列直插式组件110个，实际安装数约为80个。

（2）印制插件板

银河-Ⅰ 的插件采用7层印制电路板，其中4层为印制信号线层（2层横线与2层竖线），3层为地网和电源网层。印制电路板的厚度为1.55～1.7mm，印制信号线的阻抗为64～80Ω。为了有良好的散热性能，组件和印制电路板之间设有一层厚度为0.3mm的导热铜板，导热铜板与印制电路板间再用厚度为1mm的环氧玻璃布板进行绝缘隔离。导热铜板的作用是使功耗差很大的组件之间的温差减小，并起到散热的作用。

由于印制插件板的板面尺寸较大，印制信号线较长，因而必须把它们当作传输线来考虑，这就要求布线规则应既能让信号在印制电路线上传输时有较小的失配反射和线间串扰，又能方便工程化设计。银河-Ⅰ 印制插件板的布线规则如下。

① 所有印制信号线均在终端匹配。组件输入端的下拉电阻与匹配电阻统一，

采用75Ω电阻接到−2V。对于互补输出、差动传输线的匹配方法，采用55Ω电阻接到−2V。

② 不允许有分支长线。将长度不大于15mm的分支短线看作分布负载，不接匹配电阻。插件输入信号线作为地板传输线的分支时，长度不得大于50mm，一般只允许带一两个负载，也不接匹配电阻。

③ 各种门所驱动的负载数均不得超过10个。当传输线总长度不大于120mm时，对负载的分布不做限制；当传输线总长度大于120mm时，各负载应尽可能均匀分布，若不能均匀分布，集中的重负载（不小于4个门）前不得再带负载。

④ 线或门仅在插件内进行，线或门间的距离最大不得超过80mm。

⑤ 相邻层的信号线重叠（横线层走竖线或竖线层走横线时）的长度不得大于7.62mm（3个网孔）。

实际结果表明，使用上述布线规则制成的银河-Ⅰ印制插件板，插件上的信号波形正冲不大于100mV，反冲不大于70mV。

（3）与插件连接的底板

对于与插件连接的底板，银河-Ⅰ工程选用了6层印制底板（4层为印制信号线层，2层为地网层），采用高密度锡焊底板组装和绕接。印制底板的尺寸为225mm×320mm，每块印制底板上最多可安装14块插件，插件间距为15mm。为了减小印制底板绕接线与印制底板、印制插件板的印制信号线间的失配反射，采用了印制线、双扭线、三扭线混合传输线结构，获得了良好的信号传输性能。

3. 多层印制电路板贴膜反镀法

银河-Ⅰ使用的多层印制电路板，按用途可分为多层印制插件板和多层印制底板两种。由于多层印制电路板的板面大、金属化孔多、线路精度高，正镀法已经无法满足要求，因此银河-Ⅰ工程采用了被称为贴膜反镀法的新生产工艺。

贴膜反镀法（又称图形电镀法）采用水溶性干膜抗蚀剂为感光材料，按照电路设计要求和生产程序，首先制作内层电路图形与表面层电路图形，然后在各层之间采用半固化片，经复压黏结，制成一种布线立体化又相互绝缘、通过金属化孔实现电连接的印制电路板。

贴膜反镀法生产多层印制电路板的主要工序包括：自动布线制作正负底片、冲定位孔、贴膜制作内层电路、自制半固化片、层压、打孔、金属化孔、贴膜制作表面层电路、电镀铜加厚、镀金、退膜、修板、腐蚀、测试成品等。

① 自动布线制作正负底片。根据电路图的种类和要求，先为每种多层印制电路板编制程序、纸带穿孔、试布笔绘仪，经复查无误后，再在自动布线机（又称光扫描照相机）上制作底片。按照当时生产多层印制电路板的工艺，在自动布线机上分别制成的各层底片可分为（以7层印制插件板为例）：表面层（第1、7层），底片为反版阳图（正片）；网格层（第3、4、5层），底片为反版阴图（负片）；讯问层（第2、6层），为简化和缩短布线时间，底片先制为正版阳图，经翻版后可得到反版阴图。

② 冲定位孔。首先制作出一张精度很高的通用标准底片，按照摆放位置将其固定在白色有机玻璃板上，然后每片以此为标准，反复核对所有焊盘及网格的准确性和重合度，接着在上面加放白色有机玻璃板并压紧，最后使用自主研制的定位孔专用冲孔机进行冲孔，实际误差可控制在0.1mm左右。

③ 贴膜制作内层电路。把从国外进口的单、双面覆铜箔层压板（当时国产覆铜箔层压板的性能指标还不能满足银河-Ⅰ工程要求）使用剪板机下料，下料尺寸比实用板面的四个边各多出15mm。下料前，首先检查好板厚均匀性、铜箔表面平整度，要求无划痕、无砂眼、无残胶。然后打定位孔，每次叠放10～15张，四边夹紧，在高速钻床上以15 000rad/min的钻速打孔。接着进行贴膜前处理，即除去氧化层和油污，使板面光亮干净，提高与干膜的结合力。贴膜所使用的水溶性干膜抗蚀剂由三层膜组成，依次是聚酯薄膜、光敏抗蚀性涂膜（干膜抗蚀层）和聚乙烯薄膜。光敏抗蚀性涂膜是干性膜，通过热压贴合在敷铜箔板上。贴膜时使用双面贴膜机进行操作，贴膜后使用自制的抽真空双面曝光机进行曝光、显影，从而制成耐腐蚀的正负图形板。接下来进行修板和腐蚀，先使用专用尖针或刀具刮掉残余胶膜，并用耐腐蚀的干磁漆填补有气泡、砂眼、划痕的部位，再用三氯化铁溶液把非线路部分的铜箔腐蚀掉。这时，在有效板面内留下的铜箔便是所需要的电路图形。最后进行退膜，用氢氧化钠溶液浸泡板子，室温条件下需3～5min，直至膜退净为止。

④ 自制半固化片。先进行胶液配制，再进行玻璃布处理，最后进行浸胶。浸胶时要充分熟化，时间不少于4小时；温度应适当，不能太高，一般在145℃为宜；应确保胶层厚度及均匀性，特别注意开始和结束时胶布上下面的均匀性。每次自制半固化片，都要进行工艺技术数据的测试，根据测试数据和实践经验，经过一两次试压并有把握后才能正式压制多层印制电路板。

⑤ 层压。层压是生产多层印制电路板的主要工序之一，层压质量直接关系到

成品质量。如果层与层之间黏结力差，有微小分层，将影响金属化孔的质量；定位不准、翘曲度大、板厚不均，特别是插头部分厚薄相差悬殊等，都会直接影响多层印制电路板的电性能和使用可靠性。层压的步骤是：首先进行印制薄片处理，然后准备好半固化片，将印制薄片与半固化片按层次和厚薄的要求叠放好，在特制模具上定位，最后置于油压机上加热、加压，复压成型。

⑥ 打孔。打孔是生产多层印制电路板的一道关键工序，在制作高密度、高精度、高要求的大面积多层印制电路板时尤其重要。打孔位置要求准确，不偏孔、不漏孔、不多孔，所有孔的孔壁光滑、无环氧黏污、无毛刺、无翻边，否则会造成层间短路等问题。这道工序对操作人员的工艺要求也非常高。为完成好这道工序，银河-Ⅰ工程采用了广州机床研究所专门为此研发的ZK-435型印制电路板数控钻床，由计算机研究所自动化室的科研人员和计算机工厂的高级技工共同完成。

⑦ 金属化孔。金属化孔包括化学镀铜（又称沉铜）和电镀铜，就是将孔内沉积一层薄而均匀的金属，经电镀加厚，使其能与层间电路图形连接。多层印制电路板金属化孔的内层连接可靠性，是当时固体电路化计算机部件中的一个重要问题，对于高密度、高精度、高可靠性的巨型计算机，可靠性的重要性显得更加突出。生产实践、金相观察和使用情况调查表明，不可靠的主要因素有两个：第一，孔壁电镀层与孔内导线侧面连接不牢；第二，电镀层不均且不连续。为此，银河-Ⅰ工程在多层印制电路板金属化孔工艺上进行了一定的创新。具体做法有：第一，提高钻速，全部使用硬质合金钻头打孔，尽量克服或减少环氧树脂黏污孔壁，为了解决毛刺或孔口翻边问题，还要视情况进行扩孔处理；第二，做好孔化前处理，不断提高孔化工艺，严格控制沉铜的温度和时间，使孔壁能够稳定地沉积一层薄而致密又均匀的金属层；第三，采用光亮镀铜方法，用磷铜板作阳极，使镀层均匀、韧性好、致密、平整、光亮。

⑧ 贴膜制作表面层电路。贴膜前的板面处理、贴膜、曝光、显影、修板，均与"③贴膜制作内层电路"中的工艺步骤、操作要求和质量指标相同。在此基础上，需要补充两点：第一，贴膜前板面处理部分需要增加一步化学粗化处理，这样可以提高干膜与铜层的结合力；第二，表面层贴膜要比内层贴膜难度大，因此贴膜操作速度可以稍慢一些，以避免出现孔内气泡等问题。

⑨ 电镀铜加厚。先对多层印制电路板进行镀前清洗处理，然后将其放入电镀槽进行加厚。在操作过程中，既要保护好干膜，特别注意要防止焊盘边缘干膜翘

起，又要粗化好镀层表面，使电镀铜加厚并与原铜层有很好的结合力。同时，镀液配比要精确，要及时添加光亮剂，并根据光亮剂含量选用合适的电流密度，使其镀层光亮细密，并确保镀层厚度足够。

⑩ 镀金。这是银河-Ⅰ多层印制电路板生产的一道特别工序，确保了银河-Ⅰ多层印制电路板的高质量。

⑪ 退膜、修板、腐蚀。这道工序的工艺步骤、操作要求和质量指标均与"③贴膜制作内层电路"中相同。

⑫ 测试成品。制出的多层印制电路板还要先经过高低温冷热循环（高温85℃放45min、常温15℃放45min为1个循环，共经过24个循环），再采用多种手段测试，淘汰失效的元件，确保成品质量过硬。

银河-Ⅰ中的每一块多层印制电路板都需要经过以上12道工序才能制造出来，整个生产过程的工艺要求、质量控制和产品检验制度均非常严格。

二、高效通风散热系统

巨型计算机的高密度组装结构必然导致整机的热密度很高，这使得散热问题异常重要，如果处理不好，轻则使部分元件失效，重则使机器烧毁。巨型计算机的散热一般采用风冷或水冷技术，而Cray-1采用了更高级的氟利昂液冷散热技术，这在中国当时的条件下从技术上根本无法达到。

为了解决银河-Ⅰ的散热问题，工程人员在理论分析的基础上，通过大量实验，对传统的风冷工艺技术进行创新，研制出一种新型平行短风路均匀送风的风冷散热系统，其原理如下。

银河-Ⅰ的通风散热系统应能将高密度组装插件产生的高热量带走，而且为了提高机器的可靠性，应该使组件保持较低的结温（电子设备中实际半导体芯片的最高温度）和结温差。

组件的结温 T_J 与组件的功耗 P_D、结到环境的热阻 Q_{JA} 及环境温度 T_A 有关：

$$T_J = P_D Q_{JA} + T_A \tag{6-1}$$

Q_{JA} 为结到管壳的热阻 Q_{JC} 与管壳到环境的热阻 Q_{CA} 之和：

$$Q_{JA} = Q_{JC} + Q_{CA} \tag{6-2}$$

Q_{JC}仅与组件结构有关，对选定的组件来说为定值，如16脚陶瓷封装双列直插式MECL10K组件的Q_{JC}为27℃/W。Q_{CA}则与组件的安装方式、气流情况等环境因素有关。因此，组件散热主要考虑两点：保持适当低的T_A和较小的环境温度差；减小Q_{CA}，使组件有较低的结温和较小的结温差。

强迫通风可使Q_{CA}减小。当多层印制电路板上组件管壳表面的风速为2.5m/s时，Q_{JA}由不通风时的75℃/W降低到50℃/W；但进一步加大风速时，热阻下降幅度就比较平缓了。所以，进一步加大风速时，散热效率就比较低了。

当16脚陶瓷封装的双列直插式MECL10K组件安装在厚度为1.6mm的印制电路板上时，热阻与空气流速的关系如图6-3所示。

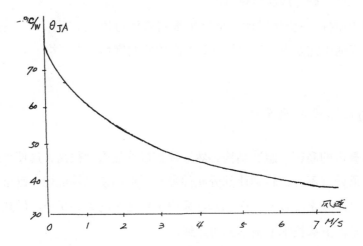

图6-3　热阻与空气流速的关系（来源：国防科技大学计算机学院，档案原件）

通过上述分析可知，银河-Ⅰ散热系统适合采用单面送风的方式：约18℃的冷风以2～3m/s的速度从插件一侧吹向另一侧，带走组件发出的热量。

为了进一步减小热阻，并使高、低功耗组件间温度均衡，银河-Ⅰ工程人员还在组件与印制电路板之间加了一层厚度为0.3mm的散热铜板。铜板与印制电路板间用厚度为1mm的绝缘层隔离。组件管壳底部直接贴在散热铜板上（见图6-4）。

一方面，增加散热铜板增大了组件的散热面积，降低了壳到环境的热阻；另一方面，通过热传导作用，散热铜板可使相邻组件间的温度差减小。

不同情况下组件管壳表面温度的测试结果如表6-1所示，表中数据对应组件的最大功耗为460mW，最小功耗为60mW，室温为16℃。

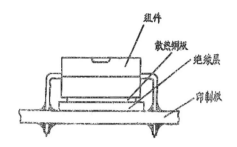

图6-4　散热铜板位置示意图（来源：国防科技大学计算机学院，档案原件）

表6-1　不同情况下组件管壳表面温度的测试结果

散热结构	最低温度	最高温度
不加散热铜板	25℃	41.0℃
加栅形散热铜板	26℃	38.5℃
加栅形散热铜板并涂热膏	26℃	36.0℃
加整块散热铜板	25℃	35.0℃

在银河-I主机的机械架构上，机柜间通过倾斜放置的隔板构成锲形柱管道，冷风从机柜底部送入，通过下宽上窄的结构设计使机柜内部各印制插件板的风压基本相同，以最大限度利用散热风。机器运行过程中散热量是很大的，即使有合理的风冷散热，温度总是会上升的，如果散热不均衡，则元器件出现故障的概率会相应地增加。等压短风道送风还有一个优点：即使各印制插件板温度上升，上升的幅度也在一个较小的水平，可最大限度地保证元器件稳定性。

总之，采用上述风冷散热方面的工程创新后，银河-I的进出口风温之差小于7℃，主机内各组件管壳上表面温度小于58℃、温差小于25℃，提高了全系统的使用效率和抗干扰能力，增加了可靠性，延长了元器件寿命。

三、低电压大电流不稳压直流供电技术

银河-I主机的速度高、容量大，所用的组件集成度高、组装密度大，因而整个系统的电流密度会急剧增大。银河-I主机的电源电压仅为-5.2V和-2V（低电压），所需电流则接近3000A（大电流）。若采用传统的基于负反馈原理进行稳压的直流电源，其电源设备体积可能比银河-I主机机柜还要大得多，且效率低、不可靠，

必须考虑其输出电压随输入电压和负载的变化而变化（不稳压）的途径。由于银河-I工程人员没办法见到Cray-1实物及与其电源系统有关的技术资料，仅从公开的Cray-1用户操作手册上查知它采用的是"带平衡电抗器的十二相半波整流电路"，在结构上使用了大型电源设备（每个机柜的平均功率约为7kW，共由3个电源来供给），工艺非常复杂。考虑银河-I电源部分的技术难度、制造工艺、工程造价等情况，试图完全仿造Cray-1的电源系统是不可能的。科研人员只能自主创新，探索出一种低电压、大电流、不稳压、直流供电的银河-I工程供电实现方法。

1. 创新性地实现了双Z形并联桥式整流电路

双Z形并联桥式整流电路是在传统的三相整流电路基础上改进的六相全波整流电路。它的特点是纹波电压小（具有十二相半波整流的波形）、主变压器的容量小、利用系数高，二极管的瞬时电流为三相桥式整流电路的一半，在工艺结构上相对容易实现。它的不足之处与三相桥式整流电路相同，即整流回路中是两个二极管串联，在输入电压较低时效率不高，外特性较差。银河-I组件采用的MECL电路相当于恒负载，所以电源电路外特性较差不会造成很大影响。为了进一步提高效率，工程人员采用了进口的肖特基二极管用于整流。

2. 合理解决了大功率低电压变压器连绕工艺

双Z形并联桥式整流电路相当于两个三相桥式整流电路的并联，但是一般的三相桥式整流电路只能得到6倍电源频率的纹波，而双Z形并联桥式整流电路之所以能得到12倍电源频率的纹波电压，关键在于组成主变压器的两个星形绕组（用Y_1、Y_2表示）之间存在30°的相位差。银河-I工程通过大功率低电压变压器接线与绕制工艺来解决这个问题。

（1）银河-I电源主变压器接线工艺

银河-I电源主变压器的铁心为SD型，在每一个铁心柱上分别绕有4个线圈，其中有两个主线圈（a_1、a_2、b_1、b_2、c_1、c_2）和两个副线圈（a_1'、a_2'、b_1'、b_2'、c_1'、c_2'）。先将a_1、b_1、c_1的一端共连，a_2、b_2、c_2则连接另外一端，然后根据电路需要，分别将一相主线圈和另一相副线圈相连接。这样组合以后，得到两个在电气结构上彼此独立，在相位上又相对于初级电压、相位各转动15°的两个星形绕组（其中Y_1逆时针转动15°，Y_2顺时针转动15°），同一个星形绕组的各相之间仍保持120°的相位差。

显然，这两个新的星形绕组的各相电动势（E_1、E_3、E_5，E_2、E_4、E_6）是由两个线圈（一主一副）的电动势组成的向量和（它们之间的夹角就是120°）。

（2）银河-I 电源主变压器线圈绕制工艺

为解决线圈绕制中如何使 Y_1、Y_2 中各相绕组的直流电阻尽可能小、尽量相等的问题，银河-I 工程采取了以下措施。

① 将主线圈分为两部分，分别绕在线圈的最里面和最外面，将副线圈夹在中间，以加强耦合。

② 组成 Y_1、Y_2 的各相主线圈和副线圈都采用宽铜带，并按铁心高度分为上、下两部分缠绕。

③ 为了使一相的主线圈与另一相的副线圈的连线尽可能短，并且便于连接，采用变换线圈缠绕方向的办法。

3. 首次采用了并行电源馈电系统

考虑当时我国电力比较紧张、当地供电不够稳定的实际情况，在我国计算机范围内，银河-I 工程首次采用了交流稳压、整流滤波的并行电源馈电系统：使用50C/s的电动发电机组，同时引进稳压静止变频器改装的400C/s电动发电机组，即采用变频机组将50Hz交流电整流滤波后转换成400Hz直流电供给银河-I 主机，效率高、可靠性高，且全机各点电压差小、电源体积小，提高了全系统的稳定性与可靠性。

四、维护诊断技术

1. 主机的维护诊断系统

为提高银河-I 工程的可靠性、可维性和可用性指标，科研人员设计了完善的维护诊断系统，主要目标是对主机实施故障检测和定位。该系统采用它机多级诊断模式，以可靠性高的小型计算机PDP-11/70作为维护诊断机，对银河-I 进行部件级、插件级、组件级的三级诊断，每一级对应一个分系统，即系统监护、检测分系统，主机故障定位分系统，插件自动测试分系统。这三个分系统同属一个维护诊断体系，但可以从结构角度看作相互独立的系统，它们仅统一于系统操作员的控制，由系统操作员决定哪一级诊断的分系统工作。

PDP-11/70是美国DEC公司于1975年推出的商用超小型计算机，具有非常优秀的性能。银河-I 工程使用 1 台高可靠性的 PDP-11/70 作为主机的诊断控制单元（Diagnostic Maintenance Control Unit, DMCU）。在 DMCU 与主机之间还设置了诊断处理单元（Diagnostic Processing Unit, DPU），以实现二者之间的电位信号转换及功能上的连接（见图 6-5）。

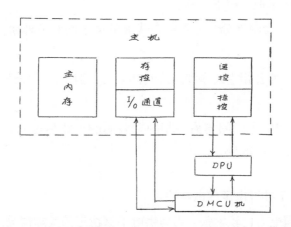

图 6-5　银河-I 主机和 DMCU 之间的连接示意图（来源：国防科技大学计算机学院，档案原件）

由图 6-5 可知，DMCU 与主机的联系有两路通道。

① I/O 通道：静启动时，DMCU 通过该通道向主机加载通道信息和控制程序；正常运行时，通过该通道实现操作系统与 DMCU 之间的信息交换；诊断时，DMCU 通过该通道向主机加载扫入信息和回收扫出信息，即实现了动态的扫入/扫出。

② DPU 通道：专作诊断之用，DMCU 可通过该通道对主机实现静态的扫入/扫出。正常运行时，DPU 接收 DMCU 送来的 16 位信息，将其转换为扫入、扫出、清除标志、控制等有关信息，并实时反馈给主机，从而实现对主机的诊断、监控和控制。

银河-I 工程维护诊断技术有以下 3 个优点。第一，为诊断系统增添的硬件大部分集中在 DPU 中，基本上不影响主机的层次结构和逻辑延迟。第二，诊断硬件独立于主机，在 DPU 与主机之间建立接口界面，同一开关控制它们之间的联机/脱机状态：联机状态（基本状态）时，DMCU 能通过 DPU 对主机实施诊断、监视和控制；脱机状态（主机需要独立运行时）时，如考机、人工维护、DMCU 自检等情况下，可使主机不受 DMCU 任何可能的干扰和影响。第三，DPU 把手动操作、人工调机与诊断有机结合了起来。

2. 主存储器采用海明码校验技术

银河-I 工程在维护诊断方面还有一个特点：把它机诊断与自身校验系统相结合。银河-I 全机设立了完备的校验系统，该系统除了起到实时监视告警的作用外，对诊断定位、缩小故障范围等也起到重要作用。下面以对主存储器的校验为例进行说明。

存储器的功能是存储信息，并在需要时把信息传送出去。在存储器的工作完全可靠时，可以保证传送出去的二进制信息就是原来存储的信息。但是，由于存储器电路的稳定性以及信息传送过程会不可避免地受到电磁干扰等，因此传送的信息可能出现错误。为降低出错概率，在巨型计算机存储器设计中，除了在硬件技术上采取若干提高可靠性的措施外，一般还要加入抗干扰编码：在二进制信息进入内存之前，先进行一次编码，再把编码后的信息存入存储器中；在读出时，把经过编码的信息都抽取出来，进行检错与纠错，保证把正确的信息传送出去。

Cray-1 的主存储器只是采用了传统的奇偶校验编码技术：在信息位的后面增加一位校验位，使全部信息的"1"的个数为奇数（或偶数），如果数码送出后变为偶数（或奇数），则系统报错，否则不报错。因此，读出经奇偶校验的编码，可以判断出其中有奇数个位出错，而偶数个位出错时则被当成无错处理。可见，奇偶校验码是最简单的检错码，但它不能用于纠错，因为它并不知道出错位的确切位置。巨型计算机的运算速度非常高，在这样的高速操作下，信息的存储和读取是单向和连续不断进行的，一旦经奇偶校验检查出一位错后，并没有办法通知信息源重发一次同一信息，而只能报一个奇偶错中断。显然，这会大大降低巨型计算机的使用效率和可靠性。统计表明，存储器一位出错占整个主存储器出错概率的80%以上。因此，如果采用能纠正一位错、报双位错的纠错编码，必将使巨型计算机主存储器的工作可靠性大为提高。

银河-I 工程在主存储器校验技术方面，增设了一套可纠一位错、检测多位错的海明码校验系统，并且该系统设有完整的自检手段，可靠性高、维护方便。

海明码检验法是由美国贝尔实验室计算机科学家理查德·海明（Richard Hamming）于1950年提出的一种非常有效的编码校验法。在该方法中，只需增加少数几个校验位，就能检测出二位同时出错的情况；此外，该方法还能检测出一位出错并能自动恢复该出错位（自动纠错）。它的实现原理是：在数据代码的信息位之外加上几个校验位，将数码的码距均匀地拉大，并把数据的每一个二进制位分配在几个不同的奇偶校验组合中；当某一位出错后，就会引起相关的几个校验位的值发生变化，这不但可以发现出错，还能指出是哪一位出错，为进一步自动纠错提供依据。

银河-I主存储器所设的海明码校验系统由海明编码器、译码器及错误类型生成器等设备组成，均采用专门的MECL组件，这使得研制该套校验系统花费的时间和设备都大大减少。特别是该系统的许多重要信息（包括访问源、体号、体内地址及纠错码等）均可以由软件回收，从而保证了存储体故障的准确定位。

在速度方面，银河-I主存储器中的海明编码器的64位数码形成8位校验位仅需12ns左右；信息数据从输出，到经海明编码器、译码器形成相应纠错电位，仅需30ns左右。在结构上，银河-I主存储器采用了两条数据总线的结构，每条数据总线各有一套输入输出接口部件，海明码校验系统仅配置在输入输出接口部件之中；整个输入输出接口部件都以流水线方式在20MHz主频的作用下工作。因此，海明码校验不占用主存储器模块的400ns周期时间，在向量运算成组取数时，仅增加了几拍起步时间。在设备方面，海明码校验所需的器材也很少。例如：在编码器部分仅使用了16片MECL组件；主存储器字长为64位时使用的总组件数为23 000片左右，加装海明码校验系统后增加的组件数约为1900片，仅占总数的8%。

总之，在加装使用了海明码校验系统后，银河-I主存储器的平均无故障时间大约增加了4.6倍，可靠性提高了9倍左右，效果十分显著。

五、计算机辅助设计、生产、测试和调试

由于银河-I工程的规模大、要求高、时间紧、任务重，光靠人力是远远不够的，因此科研人员还采用了工程自动化方法，引入计算机辅助进行银河-I有关部件的设计、生产、测试和调试。

1. 计算机辅助银河-I插件自动测试

为了保障银河-I控制逻辑插件测试的顺利完成，工程人员于1980年11月成功自主研制出了一套插件自动测试系统（其框架见图6-6）。

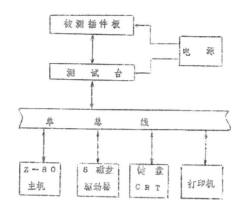

图6-6　银河-Ⅰ插件自动测试系统框图（来源：国防科技大学计算机学院，档案原件）

（1）插件自动测试系统的主要组成

① 微型计算机。美国Z-80微型计算机被用作该测试系统的主机，配有软盘驱动器、终端显示器、键盘和宽行打印机。Z-80是插件自动测试系统的"心脏"，它负责测试码的调用、回收数据的处理、故障的判别和定位，以及各种外设的调用等工作。键盘和终端显示器是整个测试系统的控制台，它向系统发出各种命令，控制整个系统运行。机器运行状态和测试结果均在终端显示器上显示，便于操作人员进行观察分析。软盘驱动器有两个：一个用于存储插件测试码，称为数据盘；另一个存储系统程序、测试程序和检查程序，称为系统盘。系统盘和数据盘均为双面软磁盘，容量为600KB。宽行打印机被用于打印测试结果。

② 插件测试台。插件测试台实际上是Z-80的外设，完全受Z-80的控制，它的功能是安装被测插件、扫入和回收插件的测试码、进行人工干预。

③ 电源。该电源将交流电变换为-5.2V、-2.0V直流电源，供被测插件和插件测试台使用。

（2）插件自动测试系统的技术性能

① 该系统可测试组合逻辑电路和同步时序电路出现的逻辑性固定于"0"或"1"的故障，也能对印制插件板进行功能测试。

② 该系统设置了人工回收探针，有效提高了故障覆盖率和分辨率，一般可定位到组件的引脚上，故障覆盖率约为90%。

③ 该系统用软磁盘作数据库，容量大，修改方便、灵活，且容易保存。

④ 该系统可测试所有输入输出脚在154条以内的印制插件板。

（3）插件自动测试系统的操作和维护

该系统的操作非常简单，一般人员经过短期训练就可掌握，操作要点主要有以下5点。

① 将被测插件装入插件测试台，接通电源。

② 将被测插件的数据盘放入驱动器"2"，把系统盘放入驱动器"0"。

③ 操作人员通过键盘启动整个系统，使测试程序处于运行状态，插件测试就会自动进行。

④ 测试结果在终端显示器上显出来的同时，宽行打印机也会把测试结果打印出来。

⑤ 该系统配有检查程序和模拟测试过的程序，只要运行这些程序，就可检查插件测试台和整个系统能否正常工作，从而维护整个系统，非常方便。

银河-I工程人员自主研制并使用插件自动测试系统，主要是为了解决巨型计算机大量插件测试的繁重任务，同时实践也验证了将微型计算机用于辅助巨型计算机插件自动测试是一个简便易行的工程方法。

2. 计算机辅助银河-I软件调试

在研制银河-I软件的同时，工程人员在PDP-11/70上开发了工具汇编和具有性能分析功能的交互式模拟器（如软件工程模拟器），用于软件调试。

银河-I软件工程模拟器是在PDP-11/70上模拟银河-I程序的软件调试工具。利用该模拟器，可以在银河-I硬件完全实现之前先调试其软件；在硬件实现后，该模拟器提供的各种调试和效能分析手段仍然可以作为全系统软件调试和算法研究的基本工具。该模拟器包括软件正确性模拟器（S785）和效能分析模拟器（S785T）：前者可用于软件的正确性调试和精度分析；后者除具有前者的全部功能外，还具备自动效能分析的功能，可用于软件的质量调试和算法的性能分析。

银河-I软件工程模拟器采用模块化结构，绝大多数程序由PDP-11/70的FORTRAN-Ⅳ PLUS语言编制，共计4000多行代码，由监督和解释两个软件分系统组成，在功能上具有如下特性。

① 该模拟器既能够模拟运行银河-I机器语言程序，也可以模拟运行由工具汇编语言生成的目标代码程序，且在汇编级情况下，允许用户使用全局符号名与该模

拟器通信。

② 该模拟器可以解释执行几乎所有的银河-I 机器指令，并获得与实际硬件完全相同的结果。除此之外，该模拟器还提供了正常的出口宏指令，可用于程序的运行控制和输入输出。

③ 在模拟运行银河-I 程序期间，该模拟器能够自动检测和精确报告被模拟程序的各种程序性错误和错误指令的位置，如错误出口、浮点溢出、地址越界等。

④ 该模拟器允许终端用户采取连续方式、步进方式或多种复合手段来控制被模拟程序的运行进程。其中，复合检验点可以设置 0 ～ 16 个。

⑤ 该模拟器可以在银河-I 程序的任何检验点上显示或打印伪内存和各通用寄存器的内容，并且具有指令格式、字符格式、八进制数据格式和十进制数据格式等多种输出形式备选。

⑥ 该模拟器可以在模拟运行银河-I 程序的过程对其进行临时修补工作，包括修改或插入指令、修正内存或寄存器数据等，还为某些用户临时从终端或从文件输入字符串提供了方便。

⑦ 该模拟器可以对整个程序或若干个核心程序段进行效能统计。统计的内容包括相应程序在银河-I 上的运算速度、存储流量、各类指令的动态比例、各功能部件的忙闲情况、向量链接功能的效率、各数据通路的流量比例，以及指令缓冲站和数据缓冲站的命中率等（仅效能分析模拟器具备上述内容）。

⑧ 为进行程序和算法的优化分析工作，该模拟器可以随时显示和打印出现行指令的定时信息，包括指令流出时间、各部件占用时间等（仅效能分析模拟器具备上述功能）。

⑨ 为实现上述模拟控制，该模拟器设有一套模拟器命令。模拟器命令既可以由终端用户交互式地自由使用，也允许银河-I 程序通过正常出口宏指令自动调用。控制命令功能较强、组织灵活，可直接使用也可间接使用，还允许用户随意建造嵌套的命令串。该模拟器还具有自动检测命令语法错误的能力。

综上所述，银河-I 软件工程模拟器既适用于标准子程序的正确性调试和质量调试，也适用于各种系统软件的分调和一定规模内的联调；对于标准程序和程序包的各种模拟调试工作，只要选取适当的数组体积，该模拟器一般也能胜任。该模拟器的效能分析功能适合进行较深入的算法研究工作。

银河-I 工程进展期间，该模拟器广泛应用于银河-I 系统软件和标准子程序的调试，CAL 的分调和联调工作，YHFT 词法分析程序的模拟调试工作，COS 的许多模块、应用程序、标准子程序、某些并行算法程序，以及银河 -Ⅰ 考机程序的模拟调试等。该模拟器的广泛应用使得银河 -Ⅰ 软件调试工作的起步时间提前了一年半，并节约了大量银河 -Ⅰ 主机的机时，大大加快了银河 -Ⅰ 软件研制进度，有效地进行了软件性能测试，提高了软件质量。同时，在使用该模拟器的过程中，工程人员发现它还可以对银河 -Ⅰ 硬件设计的某些方面进行指令级逻辑验证，为及时修改并完善硬件系统赢得了一定的时间。

第七章
银河-Ⅰ与Cray-1的比较研究

Cray-1是美国第一台可持续实现每秒亿次级以上计算的巨型计算机，我国的银河-Ⅰ在研制中曾主要借鉴了Cray-1的设计思想。那么，银河-Ⅰ与Cray-1的相同点与不同点到底在哪里？银河-Ⅰ与Cray-1相比的优势和劣势究竟在何处？本章将对银河-Ⅰ与Cray-1进行技术史视角下的比较研究。

第一节　Cray-1的研制者西摩·克雷

西摩·克雷（Seymour Cray，1925—1996）是美国著名的电子计算机工程师、超级计算机体系结构设计者，他研制的以Cray-1为代表的Cray系列是当时世界上最快的计算机，更是引领国际超级计算机发展数十年的潮流，推动了全球超级计算机产业的进步，被誉为"世界超级计算机之父"（见图7-1）。

图7-1　西摩·克雷（来源：美国Cray公司官网）

一、超算天才的青年时代

克雷于1925年9月28日出生在美国威斯康星州的切彼瓦镇。他的父亲也叫西摩·克雷，毕业于明尼苏达大学，早年在美国北方州立电力公司（Northern States

Power）当土木工程师。那时候，当地的电力供应主要来自水电。切彼瓦河流经威斯康星州和明尼苏达州，在南边汇入密西西比河。北方州立电力公司在该河上建造了四五个水坝，以获取绝大部分电力。老克雷被公司派往威斯康星州，为建设水坝服务，处理水坝蓄水等工程问题。他十分钟爱这项工作，出色地完成了任务，被当地官员任命为切彼瓦镇的工程师，从此留下来继续工作。

父亲对科学技术的执着和追求完美的精神，对克雷产生了潜移默化的影响，使他从小就对电气着迷。早在十岁的时候，克雷就能够制作电码信号穿孔纸带，并在家里的地下室建立了一个"小实验室"，摆弄各种类型的电气设备。在切彼瓦镇读初中时，他在家中自己的房间和妹妹卡萝尔·克雷（Carol Cray）的房间都架设了电线，以便两人可以在每晚十点熄灯后互发莫尔斯电报玩。当父亲逐渐发觉两个孩子的"夜间有声游戏"而督促他们睡觉时，克雷竟然轻易地把"嘟嘟"作响的传统莫尔斯电报发送方式改进为一种无声的闪光信号模式继续玩耍。在克雷的高中阶段，电子数字计算机还没有被发明出来，作为电气设备业余爱好者，他经常花许多时间在学校的电气实验室，钻研无线电、电动机和电气线路等工具。电学课老师一旦遇到需要生病请假的情况，总是请克雷"代班"为同学们讲课。切彼瓦瀑布高级中学的年鉴记载，克雷的同班同学莫尼克曾在毕业时留言道："随着科学日益重要，许多同学将会投身于此。克雷已经先行一步了，整个高中生涯他都痴迷于科学。如果有人要预测他的未来，我敢说他一定会在科学领域有所作为。"

1943年正值第二次世界大战期间，克雷高中毕业后加入了美国陆军，担任步兵通信排无线电操作员。经历短暂的欧洲作战任务后，他被派往菲律宾，在那里参加了破译日本海军通信密码的行动。与此同时，电子数字计算机在当时迫切的军事需求推动下开始研制。当时，为了能给美国军械试验提供准确而及时的弹道火力表，非常需要一种能够进行高速计算的工具。因此，在美国军方的大力支持下，世界上第一台可持续运行的通用电子数字计算机ENIAC于1946年在美国费城宾夕法尼亚大学的摩尔电气工程学院研制成功。而此时，即将从军队退役回国的克雷，并不知道自己会与这个刚刚发明的、即将改变他一生的"电子玩意"联系在一起。

1947年，克雷与青梅竹马的妻子维琳（Verene）在老家举行了婚礼。婚后不久，他们就一起赴威斯康星大学深造。一年后，两人为追求更高的学术水平又来到了明尼苏达大学。在这所他父亲曾经就读的学校，年轻的克雷于1950年获得电气工程学士学位，1951年又拿到了应用数学硕士学位。在大学里，他专心于数学，所以当时的他对电子计算机并不了解，只知道那是一种具有两种状态的基本电路。但是，他已经敏锐地意识到未来将是一个电子数字计算的世界。临近毕业时，克雷比较茫然，经常在校园里走来走去，不断问自己："下一步该怎么走？"幸运的是，有一次一位资深教授从路边窗口探出头，冲着克雷大声喊道："如果我是你，就不会待在市井街区，而会去工程研究协会，那里才是你施展才华的好地方。"美国工程研究协会（Engineering Research Associates，ERA）由一个美国海军实验室发展而来，是美国首批采用数字电路计算设备的单位之一，当时正在给军方制造密码设备。克雷听从了这位老师给予的好建议，立即赶往 ERA 应聘工作。

1951 年，克雷入职 ERA 的一家当地公司，该公司位于明尼苏达州圣保罗。公司刚成立一年多，原是一家老式滑翔机厂，曾为诺曼底登陆制造了大量的木质滑翔机，战后为美国海军建造专门的加密设备。根据公司安排，克雷开始从事计算机相关的技术研究，阅读了大量图书资料，研究计算机的工作原理，有机会他也会去参加 ERA 的学术活动，聆听冯·诺依曼这样科学大师的演讲。为避免被杂事打扰，克雷经常利用业余时间（主要是晚上）集中工作，这成为他一生的习惯。研究中，克雷十分注意收集和学习各方面信息，从其他计算机设计师那里吸取经验教训。

就在这家小公司，克雷设计了他的第一台计算机——ERA1103。这是一台电子管计算机，属于最早采用磁心存储器的机器之一，存储容量为 4 ～ 12KB，字长为 36 位，加法操作时间为 44μs。以这台计算机为起点，克雷以一往无前的精神，开始成为自行研制计算机的冲锋者。

两三年后，ERA 被雷明顿-兰德（Remington Rand）公司收购，不久，斯帕利（Sperry）兼并了公司业务，接着被宝来（Burroughs）收购，后来又被优利（Unisys）兼并。虽然公司经过了一系列的变动，但人员和产品并没有随公司所有权的改变而改变，克雷的工作也没受到影响。然而，当公司高层将产品重点转向商用小型计算机时，克雷随即带着他的科学大型计算机梦想离开，和好友比尔·诺里斯（Bill Norris）一起于 1957 年创建了 CDC。

在 CDC，年仅 31 岁的克雷属于顶尖技术专家，并担任公司副董事长。他的目标是研制世界第一流、比当时任何可用计算机更快的科学计算机。他劝服了其他高层，并在公司资金困难时拿出自己的全部家当 5000 美元购买了公司股票。CDC 很快从 ERA 那里夺走市场，获利达 60 万美元。公司实现了股票上市的目标，克雷也因此大赚一笔。

当CDC规模扩大后，克雷发现那里的职员工作时精神涣散，于是他搬出市区，回到切彼瓦镇，建立了一个研究和开发部门，为CDC研制CDC 1604。这是克雷的第一个工程项目，目标是以最低的价格、最快的速度制造出一台大型计算机。当时，晶体管还是一种较新的电子器件，克雷决定采用这种器件来制造CDC 1604。他发现明尼阿波利斯的本地零售商店出售的晶体管有次品，其价格比从工厂买便宜得多。于是，他买到了所需的全部晶体管。克雷认真地利用这种次品晶体管来设计高度容错的电路，并取得了成功，以此证明：通过精心的设计，那些低于标准的器件也可以实现研制高级计算机的预期目标。他曾自豪地说："我用生产收音机的次品晶体管，建造了第一流的计算机。"CDC 1604是全世界第一台全晶体管化大型科学计算机，在科学计算机市场上打败了它的竞争对手——IBM计算机。

克雷没有就此满足，他希望"尽快建造规模更大、功能更强、速度更快的科学计算机"，这便是后来赫赫有名的CDC 6600。CDC 6600由美国原子能委员会秘密订货，于1957年开始研制，1964年一经推出便成为当时世界上速度最快的大型科学计算机，在计算机发展史上具有重大影响。CDC 6600首次达到了1MFLOPS以上的处理能力，在技术上有很多创新，主要有：指令系统简洁；操作面向寄存器；有8个字长（各60位）的指令缓冲器，可存放16～32条指令，其中包含循环指令段，可不必访问主存储器而快速执行指令；有10个操作部件和1个采用"记分牌"的先行控制部件，从而实现并行操作；由具有4KB的32个模块组成磁心存储器，可以交叉访问；还有10台独立的外围处理机，组成I/O控制系统，等等。

CDC 6600的运算速度达到300万IPS，性能约为1961年IBM推出的大型计算机Stretch的3倍，售价却比Stretch要低，因而深受市场的欢迎。CDC 6600的设计、研制和生产取得了巨大成功，不仅许多机器被安装在美国国家实验室等科学研究单位，发挥了巨大的计算能力，极大地推动了科学技术的进步，而且对计算机技术本身的发展也起到了显著的促进作用，特别是在计算机体系结构方面，为以后超级计算技术、精简指令集计算机（Reduced Instruction Set Computer, RISC）技术及超标量技术的产生和发展提供了宝贵经验。

1969年1月，克雷在CDC 6600体系结构的基础上，采用了门级延时为1.5ns的高速电路，又研制成功运算速度达15MFLOPS（峰值运算速度可达到36MFLOPS）的大型计算机CDC 7600。该机成为20世纪60年代末、70年代初全球性能最高的计算机。从此，克雷的名字常与世界最快的计算机联系在一起，CDC也一举获得了国际上大型科学计算机研制的领先地位。

美国洛斯·阿拉莫斯国家实验室、劳伦斯利弗莫尔国家实验室等从事核武器研究的单位对CDC 6600和CDC 7600这样功能强、性能高的大型计算机的需求是巨大的。但对一般用户来说，大型计算机性能过高，而且价格昂贵，所以受众面较窄，销量也因此受到一定限制。1972年，大型科学计算机的市场有所萎缩，CDC打算中止在这个领域的努力，而克雷认为市场还会兴旺起来。于是，克雷选择离开CDC，开辟自己的事业，创办了克雷研究公司（Cray Research Inc., CRI）。公司的12个创始人中有7个来自CDC，克雷担任董事长，公司定位是仅研制和生产超级计算机。

二、以自己名字命名的超级计算机闻名世界

克雷的料想没错，20世纪七八十年代是超级计算机的腾飞时期。

美苏冷战期间，为了赢得与苏联的军备竞赛，美国大力发展战略核武器、航空航天等高精尖技术，这些都涉及海量、复杂的科学与工程计算问题。虽然IBM、UNIVAC和CDC等计算机公司提供了一些大型科学计算机，但仍无法满足美国政府和军方的需要。1972年，由美国国防部高级研究计划局（Defense Advanced Research Projects Agency）批准，伊利诺伊大学负责研究设计，宝来公司承包制造的ILLIAC-Ⅳ问世，该计算机的标量运算速度最高达到了1.5亿IPS。TI公司和CDC也先后推出运算速度达1亿IPS以上的计算机TI-ASC和STAR-100。这三款机器成为世界上早期超级计算机的代表，但它们的共同缺点是系统规模庞大笨重、可实现高速度运算但不可持续运行、实际效率低下、功耗巨大、使用起来十分不方便。例如，ILLIAC-Ⅳ在交付NASA使用后的很长一段时期内工作不稳定，1975年不得不对其进行停机大检查，花了十个月，从逻辑设计到工艺制造方面找出上千个故障与隐患，11万颗系统电阻全部被更换。

此时，克雷也瞄准了新一代超级计算机的研发，他把CRI建在了切彼瓦的福尔斯区（Chippewa Falls），刚开始既无厂房又无工人，所研发的第一台机器还是由当地电子设备承包商代工制造的。为解决资金问题，一些商界老板们联名给华

尔街送去一份支持克雷的提案，结果大获成功，使得CRI在没有销售、没有营业额，甚至连一个项目都还没有，且赤字达240万美元、只有8个潜在用户的情况下强行上市，由最初的6000股立马筹集到了1000万美元，为研制更好的新机器打下了物质基础。

CDC等早期厂商利用多处理机系统的思路构建超级计算机，也就是把多台标量处理机互相连接起来共同解决一个问题。但是，多台处理机如何实现迅速调度和始终同步是一个棘手的问题。克雷对此另辟蹊径，他考虑到使用超级计算机的数值气象预报、航天飞行器设计和核物理研究等科学工程问题中存在大量向量运算的特点，于是采用了向量处理的方法来解决该问题。这种方式先利用多个独立的部件实现多个操作，把它们组成向量模式的流，再结合流水线结构实现操作的高度并行性。克雷于1972年开始设计和研制这样的向量超级计算机，并用自己的名字命名，称其为Cray-1。

Cray-1在CDC 6600和CDC 7600成功之处的基础上，采用了一系列创新的技术，如向量数据类型和向量运算、ECL高速集成电路、向量寄存器、向量链接技术、高密度组装技术和高效冷却技术等，并改变以往超级计算机机柜为立方形的传统结构，大胆采用圆柱形的结构，不仅精简了规模，而且大方美观，简直像一件精致的艺术品。Cray-1于1975年研制成功，在美国洛斯·阿拉莫斯国家实验室进行了长时间的严格测试，于1976年正式推出，一经推出立刻轰动了全球计算机界和科学界。

Cray-1是当时世界上首款采用最先进集成电路的超级计算机，全机只有4种ECL高速集成电路，包括高速与非门、低速与非门、寄存器组件和存储器组件；有8个字长为64位的向量寄存器及后援寄存器等，主存储器容量为2～8MB；有12个全流水线化的功能部件，可以高度并行地进行面向寄存器的向量运算和标量运算；指令格式规整，只有16位和32位两种，有4页指令缓冲站，可存放256条短指令或128条长指令，这样一般循环程序指令或常用子程序可以存放在指令缓冲站中，而不必重复访问主存储器，确保程序的高速运行。此外，有相关的向量运算指令可使流水线链接运行，从而大大提高向量运算的并行度。Cray-1还装配了FORTRAN语言、COS操作系统和实用程序等软件，后续还开发了子程序库。

Cray-1有4个特点十分新颖。第一个是向量运算，如能把两个64对操作数的集合叠加在一起，产生64个结果，这些都可看作只执行了一条指令的结果。第二个是流水线处理，即将计算机的功能部件均分成站，使指令能分布式执行。例如，64 个加法并不同时进行，而是流水线式地完成，按机器的每个时钟周期一个结果的速度流出，直到 64 个结果全部流出为止。第三个是圆柱形机柜结构，共有 12 个楔形机架，排成 270° 的圆弧柱，整体上像一个巨大的字母"C"（克雷名字的首字母），这样可使圆柱内部地板上的互连导线达到最短，确保 80MHz 时钟频率（当时世界上计算机最高的时钟频率）的实现，并且占地面积不到 7m^2，大小仅为 TI-ASC 和 STAR-100 的 1/20。第四个是氟利昂液态冷却技术，这是 Cray-1 的专利。在装电路板的铝架中间设有很多蛇形冷却管道，这些管道与地下巨大的氟利昂液态装置连接，用以解决如此高密度组装的超级计算机的散热问题。

Cray-1 的性能超高，峰值向量运算速度理论上可达 2.4 亿次/秒，现实中其持续向量运算速度一般为 1.6 亿次/秒，标量运算速度也可达 5000 万 IPS，显著优于当时 ILLIAC-Ⅳ、TI-ASC、Star-100 等已有的早期超级计算机系统。Cray-1 在科学计算方面的解题能力相当于 40 台 IBM370 大型通用计算机，售价却与后者同样为 500 万～800 万美元，因此受到了计算机界和超级计算用户的高度赞扬和广泛欢迎，赢得了科学计算和特大规模数据处理的市场，总共卖出了 60 多台。Cray-1 成功后，克雷不断攀登世界超级计算机的一座又一座高峰：设计和研制出性能更高的 Cray-2、Cray-3、Cray-4 等系列机型。

Cray-2 于 1985 年研制成功，为四向量处理机系统，每一台处理机都基本上保留了 Cray-1 的结构，整机采用门级延时为 0.3～0.5ns 的 16 门阵列芯片，时钟周期为 4.1ns，主存储器容量为 2048MB，指令缓冲站比 Cray-1 扩大了一倍，增为 8 页，另增加了一个容量为 128KB 的局部存储器。当主存储器采用动态存储器芯片时，Cray-2 系统的峰值向量运算速度为 18 亿次/秒；而主存储器采用静态存储器芯片时，峰值向量运算速度可达 22 亿～25 亿次/秒，比 Cray-1 快 10 倍之多。首台 Cray-2 安装在美国国家航空航天局，用来模拟航天飞机的超大型风洞实验。Cray-2 的研制成功，使 CRI 生产的超级计算机竟一度占到全球市场份额的 70%，可谓如日中天。

1988 年诞生的 Cray-3 为八向量处理机系统，采用 ECL 高速集成电路和集成度为 300～500 门/片的砷化镓逻辑芯片，将 1K 位（bit）的砷化镓静态存储芯片用于寄存器，这使 Cray-3 的时钟频率高达 500MHz，峰值向量运算速度高达 60 亿～100 亿次/秒。该机虽然研制成功，但 CRI 此时在商业上出现了问题，Cray-3 从未出售过。

1989 年，由于管理层意见分歧，克雷离开了自己创建的公司，在科罗拉多又创办了克雷计算机公司（Cray Computer Corporation, CCC），全力投入他的 Cray-4超级计算机研制项目中，该机的时钟频率比Cray-3提高一倍，全部采用砷化镓电路，预计向量运算速度可以突破1000亿次/秒。但令人遗憾的是，Cray-4的研制并没有最终完成。

美苏冷战的结束意味着美国政府预算的削减，加上个人计算机市场逐渐火热，这使得超级计算机的销售情况一落千丈。1995年，CCC迫于资金压力宣布破产。1996年，古稀之年的克雷并不甘心，再次发起冲锋，创办了SRC（Seymour Roger Cray）公司，开始了新一代大规模超级并行计算机的研发工作。然而，此时厄运突然降临：1996年9月22日下午，克雷驾驶汽车离开科罗拉多，在驶向I-25公路时，后面有两辆车发生冲突，其中一辆为了躲闪，急速撞到克雷的车，致使汽车翻滚到了路边沟下。克雷的颈部、肋骨和头部都严重受伤，他立即被送往医院手术抢救。最终，因伤势过重，1996年10月5日凌晨3时左右，克雷的心脏停止了跳动，这位在世界超级计算机研制之路上永不停歇的斗士与世长辞，享年71岁。

三、克雷的科学思想和创新精神

在研制超级计算机方面，克雷一直被认为是个天才，但他本人从不觉得自己是先驱。他说自己是"书呆子"，只想做工程师。克雷成功的关键在于他身上所体现的科学思想与创新精神，概括起来主要有以下4点。

第一，敢于冒险，勇于创新，始终追求研制世界第一流的超级计算机。克雷一生的几次创业都充满了传奇色彩，这与他坚持自己"要研制世界第一超级计算机"的人生理想密切相关。在ERA时，克雷创新性地采用磁心存储器设计了他的第一台计算机ERA1103，使该机成为电子管计算机中的佼佼者。当公司的发展与自己研制超级计算机的目标渐行渐远时，他冒着失业的风险离开ERA而创办了CDC，研制的全晶体管化大型科学计算机CDC 1604成为当时世界上最好的商业计算机。CDC 1604研制成功后，克雷又勇敢地向计算机界的巨头IBM发起挑战，抢在IBM雄心勃勃的"360计划"（令IBM360成为全球最快计算机的计划）之前，出人意料地宣布研制成功CDC 6600，成为世界第一。IBM上下一片震惊，董事局主席小沃森（J. Watson Jr.）在备忘录中沮丧地写道："我们是一个资金和人员实力都十分雄厚的大企业，我实在难以理解，IBM为什么不能在超大型计算机方面领先一步？要知道，CDC的研制班子，总共才34人，其中还包括1个看大门的！"后来，在CDC高层满足于CDC 6600及其改进型CDC 7600独霸市场、不思前进时，克雷为继续建造速度更快的超级计算机再次选择离开，顶着可能失败的巨大压力又创办了CRI。尽管Cray-1、Cray-2之后的Cray-3、Cray-4基本都失败了，随后又经历了CCC破产、SRC公司被收购，自己又遭遇车祸不幸身故，但克雷本人"永争第一"的精神不断激励着从事超级计算机研制的后来者。

第二，坚持超级计算机体系结构简洁性的设计思想。计算机体系结构简洁性是克雷一贯秉持的重要设计思想，在他研制的各代计算机产品中都得到了充分体现。克雷认为"（在计算机界）大多数人都能设计出好的CPU，但只有极少数人才能打造出好的体系结构"。最初的ERA1103就是他在这一思想的指导下实现的，它的结构异常简约，不含任何不必要的部件。在商业竞争中，克雷始终坚持简洁性原则，甚至在20世纪80年代才风靡全球的RISC设计思想产生之前，他就提出并采用了类似RISC的设计理念——简即是美（Simple is Beauty）。他曾说，"我的指导思想是简洁性，不要把任何多余的东西放进必须的地方，这样就可以尽量简单地设计计算机""回到最基本，使机器尽可能高效、精简""我设计电子计算机就像设计帆船，尽力使它简单"。Cray系列超级计算机把克雷的简洁思想发挥到了极致，他一个人就独立完成全部硬件与操作系统的设计，其中作业系统居然是他用最简单的机器码编写出来的。令人惊讶的是，该系统没有出现过任何错误。

第三，创造新型超级计算机的方法学。克雷有自己的创造新型计算机的方法学。他说："洞察力来自顾客……过去三四十年来，我的许多创新都来自用户。他们会告诉我哪里有问题。在下一代产品中我就改善这些问题，这种方法极具革命性。基本上从我设计的第一天起，就有了这种继承性。"克雷注意从使用过早期计算机产品的顾客那里取得反馈信息，研究他们的抱怨和要求，从这些意见中总结出经验教训，提出一些创新的思想，并考虑如何将这些思想用在他的下一个设计中。对克雷来说，一个工程项目计划的设计过程是非常重要的。设计的基本概念是他自己提出的，但是需要支持者去实现他的理想，克雷认为这是有效而正确地完成各项任务的唯一方法。一旦一项任务完成了，而且被得到肯定，那么另一项新的计划就该开始了。在设计新计算机的基本部分时，克雷的方法是提出一些问题，例如"新计算机的指令系统是什么？""寄存器是用什么做的？""存储器的存储容量多大？"等。一旦这些问题确定了，他认为就可以开始建造计算机了。

第四，排除一切干扰，专注自己喜爱的超级计算机研究工作。克雷从小就常常醉心于自己感兴趣的电气设备上。在回顾中学时期因不怎么接触外界而饱受老师和同学们诟病时，克雷曾自嘲道："那时我把所有的时间都花在电气工程实验室，真的没有足够精力再参加这些高大上的社交活动。"研制CDC 6600时，克雷带领30多人隐居在威斯康星州的密林深处。整整四个春秋谢绝一切社交往来，埋头绘制图样、制作零件。作为CDC的副董事长，克雷一年只是偶尔去公司总部看几次，而公司的首席执行官只能在有预约的情况下一年见他两次。有些时候，非常重要的公司高层会亲自前往密林中的瀑布下听克雷的讲座。讲座结束后，他们会就近到小吃店简单聚个餐，克雷总是匆匆吃完一个热狗就赶回去工作。为此，克雷在圈内获得了"丛林隐士"的绰号。在研发Cray-1时，克雷和他的助手中午前后几小时都在工厂里工作，干到下午四点回家，夜间他又单独回到车间工作到黎明时分。Cray-1成功后，克雷觉得自己的声望与日俱增不是什么好事，过多的行政事务与社会活动使他不能专心于实现研究目标。克雷干脆将自己在CRI"一把手"的位置让给别人，只保留董事会成员的身份，并成为公司唯一的研究与开发承包人。克雷也很少让公司的职员去拜访他，每天下午他都不会接听电话。用克雷的话说，他可以专注于计算机"物"的部分，而非"人"的部分了。

总而言之，克雷研制超级计算机的独特思想和精神，以及他几起几落的传奇生涯深深影响了一代计算机人。美国《设计新闻》杂志编辑查理斯·默里在自己为克雷所著的传记《超人》一书中，记录了这样一个颇为传神的、真实的故事。1976年，克雷极其罕见地在科罗拉多州博尔德的美国国家大气研究中心（National Center for Atmospheric Research, NCAR）演讲并同意回答听众问题，当时台下坐满了全球顶尖的计算机程序设计人员。演讲完毕，克雷发出提问邀请，偌大的会场突然死一般沉寂。克雷站在台上，等待了好几分钟，但依然没有一个人发问。克雷走后，该中心计算机部门的负责人斥责在场的计算机高手们："多么难得的机会！你们为什么没有人举手发问呢？"经过一阵紧张的沉默之后，一位程序员终于小声地回答道："当你突然面对上帝之时，你敢说话吗？"

克雷一生为超级计算机技术的发展做出了不可磨灭的突出贡献，社会各界对他的评价都很高。1968年，克雷被国际计算机信息处理协会美国基金会授予W. W. 麦克道威尔奖。1976年，克雷的得意作品Cray-1首先被美国军方用于研制增强安全性能的战略核弹头，美国国防部官员称克雷为"美国民族的智多星"。苹果公司创始人斯蒂夫·乔布斯（Steve Jobs，1955—2011）曾称克雷是"超级计算机领域的托马斯·爱迪生"。1997年，美国IEEE设立"西摩·克雷计算机工程奖"（Seymour Cray Computer Engineering Award），以纪念这位计算机先驱，旨在表彰对高性能计算系统做出贡献、体现克雷创新精神的科学家。

美国CRI一直传承着创始人克雷关于建造世界一流超级计算机的理想。2009年，该公司研制的美洲虎（Jaguar）超级计算机以1.75PFLOPS的浮点计算能力，打败了老对手IBM，在第34届世界超级计算机TOP500排行榜上一举登顶，直至次年（2010年）被中国的天河一号超级计算机反超。2012年，CRI卷土重来，研制成功峰值运算速度达17.59PFLOPS的泰坦（Titan）超级计算机，再次登顶世界超级计算机TOP500排行榜。泰坦的世界第一纪录直到2013年6月才被中国的天河二号超级计算机打破。

2022年5月30日，在德国汉堡举行的ISC2022公布了第59届世界超级计算机TOP500排行榜，由CRI研制成功的前沿（Frontier）新型超级计算机以1.102EFLOPS的峰值性能成为世界最快的超级计算机，也是世界首台真正突破Exascale大关的百亿亿次级超级计算机。这标志着一个新的超级计算机时代（E级超算时代）的到来。

第二节　Cray-1系统简介

Cray-1（见图7-2）发扬了CDC 6600计算机和CDC 7600计算机的优点，于1975年研制成功，经严格测试后于1976年3月推出。在理想情况下，Cray-1每秒能输出2.4亿次计算结果；在一般情况（如矩阵乘法）下，Cray-1能达到1.6亿IPS的向量运算速度。在差的情况（看起来是面向向量的运算，但是机器每取一个向量并不能进行多次操作）下，也能每秒得到4000万个浮点运算结果。Cray-1不仅性能高，显著优于ILLIAC-Ⅳ、STAR-100和TI-ASC等美国巨型计算机早期系统，而且它的体系结构实际上成为后来世界向量超级计算机的标准模式。

图7-2 Cray-1超级计算机（来源：美国Cray公司官网）

Cray-1的基本构架框图如图7-3所示。

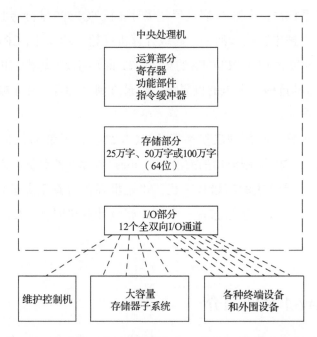

图7-3 Cray-1的基本构架框图（来源：美国Cray公司官网）

由图7-3可知，Cray-1的中央处理机是一个完整的处理部件，由运算、存储和I/O三部分组成。存储部分可从25万字（64位）扩展到最大100万字。I/O部分有12个全双向I/O通道，它们与维护控制机、大容量存储器子系统，以及各种终端设备或外围设备相连接。

维护控制机的功能为系统预置和性能监督。大容量存储器子系统作为系统的二级储存器，由1～8个CRI研制的磁盘控制器（DCU-2）组成，每个磁盘控制器可带

1～4个磁盘机组（DD-19）。I/O部分的各通道可以和独立的外围设备（前端工作机或输入/输出工作站）相连接，或者可以连接到满足用户需求的各种外部设备上。

Cray-1的系统总体特性主要如下。

① 机器时钟周期为12.5ns。

② 机器字长为64位，数据格式有3种：24位和64位带符号整数，以及64位浮点数。

③ 指令包括标量指令与向量指令，指令格式分为16位（单字片）和32位（双字片）两种，操作码为7位。

④ 有4类运算，包括标量运算、向量运算、浮点运算和地址运算，共有12个运算部件。

⑤ 存储器由16个交叉访问的存储体组成，容量分为25万字、50万字和100万字3种，字长为64位，另有8位校验码；采用每片1024位双极型存储芯片，存取周期为50ns；向量存储时，最大传输速度为每时钟周期一个字，数据流量为80×10^6字/秒。

⑥ 指令缓冲站有4页，每页为16×64位，可存储64条短指令或32条长指令。

⑦ 全机只用了4种ECL高速集成电路，分别是：延时为0.5～1ns的高速5/4与非门、低速5/4与非门、读写时间为6ns的16×1位双极型寄存器组件、1024×1位双极型存储器组件。

与ILLIAC-IV、TI-ASC和STAR-100等相比，Cray-1的突出优点主要如下。

① Cray-1采用ECL高速集成电路，最高时钟频率（80MHz）是STAR-100的3.2倍、TI-ASC的4.8倍。此外，Cray-1存储器的存储周期最短。

② Cray-1在向量运算与标量运算方面都有很高的性能，而其他超级计算机在二者的性能表现方面均衡。

③ Cray-1除标量寄存器与地址寄存器外，还设有向量寄存器，其他超级计算机没有。

④ Cray-1的向量运算具有链接功能，进一步提高了向量运算速度。

⑤ Cray-1指令缓冲站的容量庞大，一般循环程序可存放在指令缓冲站中。

⑥ Cray-1的指令系统比ILLIAC-IV、TI-ASC和STAR-100更简洁、灵活。

⑦ Cray-1具有更加简单有效的I/O快速通道。

⑧ Cray-1的体系结构最简洁、控制最简单。

⑨ Cray-1 的元器件种类最少，全机只用了 4 种集成电路，其他无源元件的种类也很少，而 ILLIAC- Ⅳ、TI-ASC 和 STAR-100 使用的元器件种类多且复杂。

⑩ Cray-1 采用高密度组装工艺，机器装配最紧凑，体积最小，占地面积仅有 6.5m² 左右，约为 TI-ASC 和 STAR-100 的 1/20。

一、Cray-1 的体系结构特点

Cray-1 采用单处理机单向量处理部件全流水线化的体系结构，如图 7-4 所示。

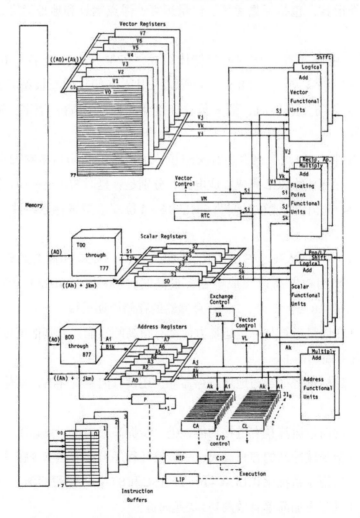

图7-4　Cray-1的体系结构（来源：美国Cray公司官网，原件）

1. 计算

Cray-1 的计算部分包括指令缓冲器、寄存器和功能部件,它们随存在存储器中的指令按序执行,协调运行。

算术运算包括整数运算和浮点运算,整数运算以补码方式进行,浮点数以原码表示。

Cray-1 的指令系统执行 128 种操作码,它可以是 16 位(单字片)的指令,也可以是 32 位(双字片)的指令。操作码包括了标量运算和向量运算。

浮点指令可进行加、减、乘和求倒数近似值计算。借助一个乘法指令序列,可利用求倒数近似值指令进行浮点除法运算。

Cray-1 提供了整数加、整数减和整数乘的整数运算或定点运算。整数乘运算只能产生 24 位的结果,而整数加和整数减运算可产生 24 位或 64 位的结果。Cray-1 没有提供整数除指令,但可以通过软件算法用浮点硬件完成整数除运算。

Cray-1 的指令系统包括"或""与""异或"布尔运算和屏蔽归并操作的布尔运算。移位运算允许对 64 位或 128 位操作数进行,并产生 64 位结果。除了 24 位的整数运算之外,向量指令有与标量指令相同的操作。为了能够进行变址运算,整数乘被设计成一个标量指令。完整的变址能力允许程序在标量或向量方式下均能对整个存储器进行变址,变址方式可正可负。以向量方式进行矩阵运算时,矩阵的行运算或对角线运算与通常的列运算相同。每个功能部件执行一种算法或者执行一部分指令,各功能部件独立且全分站,这就意味着在每个时钟周期,一组新的、非相关运算的操作数可以进入同一个功能部件。

2. 存储

Cray-1 的存储器由 16 个存储体(均由双极型 1024 位 / 片的大规模集成电路组件构成)实现,总容量最大可达 1 048 576 字,字长为 72 位,由 64 个数据位和 8 个校验位构成。各存储体是互相独立的,顺序的地址编排在相邻的存储体中,存储周期为 4 个时钟周期(50ns)。取一个数的时间就是从存储器取一个操作数到标量寄存器的时间,需要 11 个时钟周期(137.5ns)。

地址缓冲寄存器、标量缓冲寄存器和向量寄存器的最大传输速度为每 1 个时钟周期 1 个字,地址寄存器和标量寄存器的最大传输速度则为每 2 个时钟周期 1

个字。指令传送到指令缓冲器的速度为每1个时钟周期16个字片（4个字）。存储体的定向访问方式允许指令以最高的传输速度通过I/O部分，并为向量寄存器提供一个较短的读/写时间。因此，存储器的高速度能够满足科学计算应用的要求。

3. I/O

Cray-1的I/O部分通过12对（24个）双向16位通道实现内外数据的联系，由连接到每个通道的控制线来表示通道上存在数据（准备）、数据已被接收（继续）或者完成传输（结束）的状态。

所有通道被分成4个通道组，每个通道组由6个输入通道或6个输出通道组成。I/O要求以每个时钟周期1个通道组的速度按顺序扫描4个通道组，无论通道组是否响应，在之后的4个时钟周期内，该通道组将被闲置。如果通道组内有1个以上的通道请求工作，则请求要划分优先级，这里假定编号最小的通道请求优先级为第1级。

4. 向量处理

Cray-1向量运算的并行工作可通过两种方法处理：一种是采用不同的功能部件和完全不同的向量寄存器；另一种是采用"链接"方式，一个向量寄存器输出结果后，立即将其作为一个操作数，送到不同的功能部件进行另一种运算。

所有待被Cray-1处理的操作数在被功能部件处理以前是保存在寄存器中的，在处理以后仍被寄存器接收。通常，操作顺序为：从存储器取数送到1个或更多的向量寄存器，并通过向量寄存器将该数送到功能部件，其操作结果被另一个向量寄存器接收，或者再进行其他处理；如果处理结果需要保存，可以把运算结果送回存储器。向量寄存器与存储器之间的数据传送，都需借助存储器的首字地址、地址增量和长度。传送从向量寄存器的第1单元开始，且传送过程中寄存器的增量为1，其传送速度可达每个时钟周期1个字。

在同一个时钟周期内，可以用一个向量寄存器接收一个结果，也可将其作为另一个向量运算的操作数。这种结构允许"链接"2个或更多的向量一起运算。"链接"运算使得Cray-1在每个时钟周期内可产生2个或更多的结果。

二、Cray-1 的主要硬件单元

Cray-1 系统的硬件主要包括：主机架、电源系统、冷却装置、维护控制机、前端工作机、大容量存储器子系统及专用接口控制器等。

1. 主机架

Cray-1 主机架的机械结构是圆柱形，共有 12 个楔形小机柜，排成 270° 的圆弧柱，整体上像一个巨大的字母 "C"（克雷名字的首字母）。Cray-1 主机架的底座是电源系统和冷却装置的机箱，高度为 48.26cm，楔形小机柜的直径为 143.51cm，高度为 195.58cm。整机质量为 4.67t，直径为 262.89cm。

Cray-1 全机采用模块化构造，仅在主机架上组装了一种基本的插件结构，每个插件由 2 块印制电路板组成，它们装在 1 块散热铜板的两侧。每块印制电路板最多可装 144 个集成电路组件和约 300 个集成电阻器。全机共有 1662 个插件，分 113 类，每种类型的插件数为 1 ~ 708 个。插件的最大功耗约为 65W，平均功耗约 49W。每个插件有 144 个供检测故障用的测试点，每个测试点由一定的电路驱动，该电路不带其他负载。

① 印制电路板。Cray-1 系统内使用的印制电路板（PC 板）为 5 层，其中最外 2 层为信号传输层，里面 3 层为电源层，分别为 -5.2V、-2.0V 和接地。信号传输层的箔厚为 0.019cm，与相邻电源层的距离为 0.020cm。信号传输线的尺寸应使其阻抗为 50 ~ 60Ω。

② 高速逻辑门。Cray-1 中央处理机除少数部分外皆采用同一种逻辑门，这种逻辑门为 ECL 高速集成电路，它有 4 个或 5 个输入端，正相和反相两种输出端（能有效地驱动负载）。4 输入端逻辑门和 5 输入端逻辑门被组装在 16 个引出头的扁平封装内。全部门电路、加法器和减法器皆由这种基本门构成。高速逻辑门具有的最小级延时为 0.5ns，最大级延时为 1ns，边沿延时为 1ns 或更短。

③ 低速逻辑门。低速逻辑门是由高速逻辑门转化而来的 MECL10K 电路。存储器插件将它用作地址扇出。这种速度的组件很适合这种用途，具有功耗低的优点。

④ 16×1 寄存器组件。16×1 寄存器组件是为标量功能部件和向量功能部件提供的一种高速暂存器件，它也被用于指令缓冲器、地址缓冲寄存器、标量缓冲寄存

器及向量寄存器。该组件具有6ns的读/写时间，适合在12.5ns时钟周期下工作。

⑤ 双极型1024×1集成电路组件。双极型1024×1集成电路组件是Cray-1存储器的基本单元，由美国仙童半导体（Fairchild Semiconductor）公司用等平面工艺制作。存储器芯片具有50ns的读/写周期，组件内有地址译码，并与标准的ECL逻辑电平兼容。

⑥ 电阻器。Cray-1全系统仅用了两种电阻器：一种是12Ω的中心抽头电阻器，它为每个组件提供两个60Ω电阻；另一种是300Ω的抽头电阻器，提供120Ω和180Ω两种阻值。这些电阻器是一个三引出头元件，基底为陶瓷，电阻层为钽氮化物，骨架引出头采用热压结合工艺。为防止机械损伤，电阻器外层涂有环氧树脂保护膜。

⑦ 接插件。Cray-1插件的接插件使用96线塑料单插头，主机架接插件使用96线塑料插座。装配时，把单插头和插座安装在孔径为0.127cm的装配孔上。每块印制插件板有96个孔供接插件用。机架的接插件装好后，用导线绕接到每个插头。安装后要把双线扭起来作为双纽传输线，并使其焊点处于套管的中心。

2. 电源系统

Cray-1全系统用了36个电源，其中有-5.2V电源20个，-2.0V电源16个。这些电源被分为12组，每组有3个，按照恒定负载来设计。虽然电源供应没有内部调节，但可借助电动机与发电机的隔离和调节来实现。因为电源采用了1个12相变压器、多个硅二极管、多个平衡线圈和1个滤波扼流圈，所以电源能提供纹波小的直流电压。全部电源装在一个氟利昂冷却散热器中，输出的能源经过汇流条分配给负载。

初级电源系统包括一台功率为150kW的电动机-发电机组、电动机-发电机控制箱和电源分配箱。电动机-发电机组输出的400Hz、208V三相电，先送到电源分配箱，再经过自耦变压器送到各个电源。电源分配箱有电压和温度监视设备，以便检测电源和冷却故障。

3. 冷却装置

Cray-1采用氟利昂液态冷却技术，插件散热器与冷却管（被氟利昂冷却）进行热量交换，冷却Cray-1中的插件。插件散热器沿着长度为20.32cm的两边楔入冷却管，冷却管的排列与主机架垂直。冷却管是铸铝圆管，它里面有一个不锈钢的冷却剂管。

为了确保元器件的可靠性，冷却装置的设计应使机箱的最高温度不超过130℉

（约54℃）。为此，需要注意主机架的以下部位不应超过相应的最高温度。

① 插件中心的集成电路外壳处为130℉（约54℃）。

② 插件边缘的集成电路外壳处为118℉（约48℃）。

③ 冷却板插入部分处为78℉（约25℃）。

④ 冷却管处为70℉（约21℃）。

另外，有2台20t的压缩机安装在Cray-1机房外，以构成完整的冷却装置。

4. 维护控制机

Cray-1采用1台16位小型计算机作为维护工具，作用是控制系统预置、启动主机和唤醒操作系统，它与其他相关设备一起被称为维护控制机。维护控制机的主要部件如下。

① 1台CDC的ECLIPSE S-2000小型计算机或与之相当的计算机（须有16位、3.2万字的存储器）。

② 1台80行卡片阅读机。

③ 1台132行打印机。

④ 1台800BPI（Bit Per Inch）的9道磁带机。

⑤ 1台活动臂磁盘机。

⑥ 2台终端显示器。

Cray-1的主机通过软件约定与维护控制机联系，用附加控制信号使二者完成双通道连接，以便实现系统总清、停止打印机、抽样奇偶错误处理等功能。

5. 前端工作机

Cray-1可设置一台或多台前端工作机，它们为Cray-1提供输入数据，接收输出数据并将其分配给各种慢速的外围设备。前端工作机可自成系统，在自己的操作系统控制下执行相关功能。前端工作机的外围设备依用户需要而定。

Cray-1的前端工作机可以实现的功能很多，可作为局部的操作站、局部的成批输入站、多路数据汇集器，以及远距离成批输入站。

6. 大容量存储器子系统

Cray-1极高的运算速度要求更高级的数据存储装置，因此大容量存储器子系统是Cray-1不可缺少的组成部分，它的用途是存储与Cray-1进行交换的海量数据。Cray-1的大容量存储器子系统由2个或多个CRI研发的DCU-2磁盘控制器和多个DD-19磁盘存储器部件组成。磁盘控制器是CRI的产品之一，它和Cray-1主机一样使用扁平封装组件及ECL逻辑电路。磁盘控制器的工作与主机所有的16位双通道完全同步。磁盘控制器放在主机附近的氟利昂冷却机箱中，一个机箱内最多可放4个磁盘控制器。每个磁盘控制器可连接1～4台DD-19磁盘存储器部件，每个DD-19磁盘存储部件有2个磁盘控制器接口。数据可通过磁盘控制器送到磁盘存储器部件，或者通过磁盘存储器部件送到磁盘控制器。磁盘控制器可以与Cray-1附加的16位小型计算机（维护控制机）连接，根据功能依次进行工作。

7. 专用接口控制器

Cray-1通过专用接口控制器与前端工作机连接。专用接口控制器能补偿通道宽度、机器字长、逻辑电平和控制方式等差异。这种接口控制器也是CRI研发的产品，它在逻辑上与主机系统兼容。专用接口控制器的主要目的是最大限度地使用与Cray-1相连的前端通道，因为这样的通道往往比Cray-1自身通道的速度要慢。

三、Cray-1的主要软件单元

Cray-1的软件部分主要包括操作系统、语言系统和应用程序等。

1. 操作系统

Cray-1操作系统（Cray-1 Operating System，COS）是一种多道程序设计的操作系统，可以通过监视和控制的方式以作业形式提出工作流，使系统资源得以有效利用。COS包括常驻内存程序，可进行资源管理、管理作业处理和I/O操作；还包括一组常驻磁盘的应用程序。Cray-1通过维护控制机执行的系统启动操作，唤醒COS并运行。机上作业可以先用某些程序语言（如FORTRAN语言）进行编译或汇编，然后执行编译或汇编所得的结果程序。COS由管理程序、系统任务处理器、控制语句处理器等模块组成。

（1）管理程序模块

管理程序模块是COS的控制中心，只有它能访问整个内存，控制I/O通道，并且选择下一个执行的程序。

管理程序模块包括交替程序、中断处理程序、通道处理器、请求处理器和任务调度程序。这些程序是一个整体，只要通过简单的转移指令就可控制一个程序向另一个程序转移。当系统被启动、当前正运行的用户程序任务或被中断时，管理程序模块就开始执行交替程序。交替程序分析中断原因并把控制信息转到合适的中断处理程序，而中断处理程序清除该中断标志并启动通道处理器。在处理中断情况之后，通道处理器返回交替程序，接着检验其他中断，当所有现存中断被分析并处理完毕时，任务调度程序选择优先级最高的待运行任务执行。如果没有准备好的待运行任务，现行活动的用户程序将被执行。如果没有这样的用户程序，那么先执行一个等待程序，然后管理程序模块开始换到被选程序的换道过程，直到下一中断发生前，不再恢复控制。

（2）系统任务处理器

系统任务处理器由表格、任务和一些可再入子程序组成，这些可再入子程序被所有任务共用。任务实际上是一种程序，这些程序被用于实现不同的目的，常被看作一个子功能族，可以被其他任务请求。虽然在系统启动期间，任务已进入内存，但它一般不为系统所知，直到一个已存在的任务为了创造某些其他任务而发出一个执行请求为止。任务在程序状态下执行，因此可以被中断。中断可以发生在任务执行中发出的出口指令上，还可以由中断标志引起，这些中断标志是自动置好的（如 I/O 中断发生）。

（3）控制语句处理器

控制语句处理器是系统程序，但在用户区执行。控制语句处理器的工作内容包括分割控制语句、处理某些系统动词、使作业一步一步地向前进展、处理错误等。控制语句处理器主要负责解释所有作业控制语句并执行所要求的功能或发出适当的系统请求。

2. 语言系统

Cray-1 的语言系统主要包括 CRI 自己开发的 Cray-1 汇编语言（Cray-1 Assembly Language, CAL）和 Cray-1 FORTRAN（Cray-1 FORTRAN, CFT）语言。

CAL 是 CRI 为用户提供的一种符号汇编语言，用它所编写的目标程序在 Cray-1 的中央处理机上运行，使用户能将 Cray-1 中央处理机的硬件功能用符号表示出来。CAL 的源语句包括 Cray-1 的符号机器指令和伪指令。符号机器指令提供了一种用符号描述和使用Cray-1系统全部功能的方式,伪指令则允许程序员分块(模块)编制程序和控制汇编过程。一道CAL源程序可由若干个模块组成,汇编程序将逐一处理和编译每个模块,每个模块的编译由两遍扫描完成。

CFT旨在从FORTRAN源程序产生高效能的Cray-1机器语言。它把源语句改造成最有效的指令序列,使之能够充分地发挥Cray-1的全部功能,从而达到使目标程序高速执行的目的。最重要的优化工作在于尽可能把描述重复运算(尤指DO循环)的语句变成向量运算。如果能把重复运算向量化,目标程序的执行时间将急剧下降。另一项重要的优化工作在于周密地考虑主存储器里的数据结构,使之在计算过程中能充分发挥50ns主存储器的作用。

3. 应用程序

Cray-1的应用程序是一些特殊程序,能解决用户的特殊问题,常用FORTRAN一类的源语言写成。这些应用程序主要由用户各自编写,因此本书不再赘述。

第三节 银河-Ⅰ与Cray-1的对比分析

本节主要从性能指标、异同点、优劣性等方面对银河-Ⅰ与Cray-1进行简要的比较分析。

一、性能指标比较

银河-Ⅰ与Cray-1的主要性能指标对比如表7-1所示。

表7-1 银河-Ⅰ与Cray-1的主要性能指标对比

项目		银河-Ⅰ	Cray-1
主参数	工作频率	20MHz	80MHz
	运算速度	40MFLOPS	80MFLOPS[1]
	指令条数(标量/向量)	140/57	131/47

---

[1] Cray-1的持续浮点运算速度达到80MFLOPS,银河-Ⅰ的浮点运算速度一般为40MFLOPS,相当于平均运算速度为1亿次/秒以上。

续表

项目		银河-I	Cray-1
组件	逻辑组件	2ns，中规模	0.5ns，小规模
	寄存器	双极型 128×1 位，10ns	双极型 16×1 位，6ns
	存储器	MOS 型 16 000×1 位，375ns	双极型 1000×1 位，50ns
流水线	向量	2×3 条	3 条
	浮点	2×3 条	3 条
	标量	4 条	4 条
	地址	2 条	2 条
寄存器	向量	2×8×64×64 位	8×64×64 位
	标量	（8+64）×64 位	（8+64）×64 位
	地址	（8+64）×24 位	（8+64）×24 位
存储器	最大容量	400 万字	100 万字（400 万字）[①]
	实际容量	200 万字	52 万字
	交叉访问模块	模 31/17	模 16/8
	数据流量（标量/向量）	160/320（MB/s）	640/640（MB/s）
有关设备	指令缓冲站	4×64×16 位	4×64×16 位
	I/O 通道数	12 对	12 对
	I/O 总传输能力	160MB/s	640MB/s
	插件上可装组件数	≤110 个	≤288 个
	插件种类及数量	113 类，606 个	113 类，1662 个
	机柜型式	圆柱体机械结构	圆柱体机械结构
	楔形机架数	7 个	12 个
	冷却方式	风冷	氟利昂液冷
	功耗	≤25kW	≤115kW[②]

① Cray-1 采用双极型存储器，最初的最大容量为 100 万字，1980 年推出的 Cray-1S 的存储器容量可达 400 万字。
② 这里指 Cray-1 采用的用双极型存储器容量为 100 万字时的最大功耗。

续表

	项目	银河-I	Cray-1
软件	操作系统	YHOS	COS
	汇编器	YHAL	CAL
	编译系统	YHFT	CFT
	数学子程序库	80类，292个模块	41类，82个模块
	诊断程序	部件级、插件级、组件级诊断	测试程序
	应用程序库	无（刚研制成功时）	有
	向量识别器	有	无
平均故障间隔时间		441小时[①]	159.2小时[②]

二、异同点比较

1. 体系结构方面

银河-I与Cray-1都采用了单处理机向量流水线结构，机器总体运算速度都能达到1亿次/秒以上。二者的中央处理机均由工作寄存器、大的指令缓存、数据缓存和功能流水线组成，链接操作都是中央处理机的主要特点。银河-I与Cray-1的中央处理机中，运算部件的字长都是64位，均可进行整数运算、浮点数运算和补码运算，都有标量和向量处理方式，地址寄存器、指令缓冲站数量相同；存储器部件都可扩展容量，均设有校验和检测机制；I/O部件的通道数一样，均是12对，通道组内都判定优先级，都有丢失数据检测。

不同之处是，Cray-1是单处理机单向量结构，银河-I则是单处理机双向量阵列结构。如表7-1所示，在流水线和寄存器等所用的向量部件数量上，银河-I均是Cray-1的2倍，如6条实现双浮点运算的流水线、6条实现双向量运算的流水线、2个向量寄存器，这使得每拍可获得两个运算结果。在指令条数方面，Cray-1中的向

---

① 银河-I 在 1982 年 5 月—1983 年 5 月测试时的统计值。

② 1976 年 5 月—6 月，第一台 Cray-1 鉴定测试时平均故障间隔时间为 2.5～7.5 小时；1981 年 1 月—12 月，多台 Cray-1 测试的统计结果是平均故障间隔时间为 159.2 小时。

量指令为 131 条、标量指令为 47 条，银河-I 中的向量指令为 140 条、标量指令为 57 条。银河-I 在指令流水控制部件中设置了微指令库，Cray-1 则没有这一项。Cray-1 全机的功能部件有 12 个，而银河-I 有 18 个。Cray-1 的 I/O 总传输能力为 640MB/s，银河-I 是 160MB/s。Cray-1 的工作频率是 80MHz，而银河-I 是 20MHz。Cray-1 的运算速度可达 80MFLOPS，银河-I 只有 40MFLOPS。

2. 硬件方面

① 逻辑组件。Cray-1 采用了开关时间为 0.5ns 的小规模 ECL 高速集成电路，银河-I 则采用了 2ns 的中规模 MECL10K 逻辑电路。

② 寄存器。Cray-1 采用的是 6ns 的 16×1 位双极型寄存器，银河-I 采用的是 10ns 的 128×1 位双极型寄存器。

③ 浮点运算部件。在浮点加法、浮点乘法方面，Cray-1 与银河-I 相同；在浮点除法方面，银河-I 采用了与 Cray-1 不同的新式浮点倒数近似迭代算法部件设计。

④ 主存储器。Cray-1 采用了周期为 50ns 的 1000×1 位双极型存储器，最大容量只有 100 万字，而银河-I 采用了周期为 375ns 的 $16\,000 \times 1$ 位 MOS 型存储组件，最大容量为 400 万字；Cray-1 使用 16 或 8 的交叉访存模块，银河-I 则自主研发了 31/17 的素数模双通路交叉访问的存储系统，并采用素数模地址变换技术，实现了压缩/还原、间接地址访问主存储器等功能，Cray-1 没有这些功能。

⑤ 输入输出。银河-I 采用了微程序控制的双缓冲盘控技术，独立设计了外围机的硬件接口，而 Cray-1 没有采用相关技术。

⑥ 硬件故障检测。Cray-1 只有奇偶校验，银河-I 则在奇偶校验的基础上增加了海明码校验；银河-I 设有独立的硬件故障检测系统，而 Cray-1 无此功能。

3. 软件方面

Cray-1 使用了一套自己的操作系统（COS）、汇编器（CAL）及编译程序（CFT），银河-I 也自主研发了独立的操作系统（YHOS）、汇编器（YHAL）及编译程序（YHFT），并且可以实现与 Cray-1 软件的兼容。Cray-1 的数学子程序库只有 41 类（82 个模块），而银河-I 的数学子程序库有 80 类（292 个模块）。Cray-1 有应用程序库，而银河-I 刚研制成功时还没有开发应用程序库。Cray-1 没有向量识别器软件，银河-I 有向量识别器软件。

4. 工程工艺方面

Cray-1和银河-I的机柜的型式都是圆柱体机械结构；在楔形机架数方面，Cray-1是12个，银河-I只有7个。

插件方面，Cray-1和银河-I都采用了大插件板结构高密度组装工艺，Cray-1的插件尺寸为152.4mm×203.2mm，最多可装288个组件，插件种类和数量分别为113类、1662个；银河-I的插件尺寸为240mm×280mm，最多可装110个组件，插件种类和数量分别为113类、606个。

冷却方式方面，Cray-1使用的是氟利昂液冷，银河-I使用的是静压短风路的风冷系统。

功耗方面，Cray-1是大电流、大功耗供电，最大功耗达到115kW，几乎是银河-I的5倍。银河-I则采用低电压、大电流、不稳压的主机供电系统，最大功耗为25kW。

维护诊断方面，Cray-1只有测试程序这一种手段，银河-I则有完整的部件级、插件级、组件级三个层级的诊断程序和调机系统。

稳定性方面，Cray-1在推出5年后升级到Cray-1S系统时，平均故障间隔时间才为159.2小时，银河-I刚研制成功测试时平均故障间隔时间就可达441小时。

三、优劣性比较

1. Cray-1的优点

Cray-1的向量流水线结构是后来世界上许多巨型计算机（包括银河-I）的参考范本。银河-I主要是借鉴了Cray-1的设计思想，但并未获知Cray-1的技术细节。Cray-1于1975年就研制成功，银河-I到1983年才问世，理想状态下Cray-1的运算速度最高可达银河-I的2倍以上。因此，从体系结构和运算速度的角度来看，Cray-1总体优于银河-I。

硬件方面，Cray-1的逻辑组件使用了仙童半导体公司研发的当时全世界最先进的高精度小规模集成电路，这使得Cray-1的工作频率达到惊人的80MHz（当年全世界最高）；而由于国际技术封锁和自身工艺水平问题，银河-I的工作频率只能做到20MHz。Cray-1的I/O总传输能力为640MB/s，而银河-I只能达到160MB/s，是

Cray-1的1/4。所以，从硬件的角度来看Cray-1总体优于银河-Ⅰ。

软件方面，Cray-1采用自主研制的操作系统、编译程序和汇编器，银河-Ⅰ也是采用自主研制的操作系统、编译程序和汇编器，虽然被要求能与Cray-1实现兼容，但有自己的特点和优势。从软件的角度来看，Cray-1部分优于银河-Ⅰ。

工程工艺技术方面，Cray-1首创圆柱体机柜楔形架机械结构，以及大插件板结构高密度组装工艺，银河-Ⅰ在工程技术上参照了Cray-1，但机架数、机架上的插件数、插件上组件的种类和数量，以及全机工程工艺水平都不如Cray-1。Cray-1采用氟利昂液冷，而银河-Ⅰ无论是从技术方面还是当时的条件来说都无法实现这一项，只能采用静压短风路的风冷系统。因此，从冷却方式的角度来看，Cray-1优于银河-Ⅰ。

除此之外，银河-Ⅰ自身还有一些不足。例如，对并行算法和并行程序设计的研究不够；局部网系统的研究与建设没有及时跟上；绘图软件没有同步开发，未能及时满足部分大型用户的上机需求；与用户需求结合的数据库和专用程序包少，导致某些用户单位自研的应用程序在银河-Ⅰ上的向量计算效率未及预期；应用范围和用户单位没有进一步拓展，等等。这些都为不断改进和提高后续银河系列巨型计算机的性能，实现银河计算机系统的系列化提供了有益的经验教训。

2. 银河-Ⅰ的优点

（1）体系结构的创新

Cray-1与银河-Ⅰ的中央处理机都是单处理机，但Cray-1是向量单部件处理结构，而银河-Ⅰ首创双向量阵列部件结构方案，即双浮点运算部件6条流水线、双向量部件6条流水线、双向量寄存器，使得每拍可获得两个运算结果。

银河-Ⅰ增加了全流水线化功能部件和复合流水线技术。Cray-1全机有12个功能部件，而银河-Ⅰ的功能部件多达18个，全部采用流水线结构，指令控制、数据存取都采用流水线工作方式。同时，银河-Ⅰ运用复合流水线技术，较好地解决了向量指令相关问题，提高了部件工作的并行度，因而提高了实际运算速度。

与Cray-1相比，银河-Ⅰ还增设了"压缩还原"型传送指令和间接地址传送指令，为一些算法提供了便利，可以大大节省空间，显著地加快了运算速度。

这些体系结构上的创新，使得银河-Ⅰ在无法达到Cray-1超高时钟频率的情况下，平均运算速度仍可以达到1亿次/秒以上。

（2）硬件设计的改进

银河-Ⅰ从1978年开始就利用单片存取周期为375ns的MOS组件（当时在国际上也是首次使用），成功研制出周期为400ns、容量为6.4万字的存储器模块。银河-Ⅰ首创了多模块素数模双总线交叉访问存储系统结构，降低了访问冲突的概率，满足了双向量阵列运算时对数据流量的需求。银河-Ⅰ采用素数模（模31/17）双总线交叉访问的存储控制技术，包括快速地址变换算法及其实现、访问冲突处理和队列结构等，保证了高速数据流量的实现。而Cray-1直到1982年推出改进型Cray-1M时，才改为使用1.6万字的MOS组件作为逻辑组件。Cray-1主存的实际容量和最大容量分别为52万字和100万字，均不如银河-Ⅰ的200万字和400万字。Cray-1的模16/8交叉访存模块结构在高速访存状态下容易导致冲突，在减少访问冲突方面不如银河-Ⅰ的模31/17素数模结构。

银河-Ⅰ改进了Cray-1的浮点倒数近似迭代算法，简化了部件结构。在精度相同的情况下，银河-Ⅰ所使用的器材比Cray-1节省60%，流水线从14站减少为6站，缩短了运算起步时间。银河-Ⅰ在指令流水控制部件中设置了微命令库，使控制简单，节省了器材。银河-Ⅰ还采用微程序控制的双缓冲盘控接口设计，可充分发挥磁盘传输速度；针对外围处理机的特点，设计了相应的硬件接口。

硬件上所采用的部分改进Cray-1设计的新技术，保证了银河-Ⅰ的高速度和高性能。

（3）系统软件的突破

银河-Ⅰ的操作系统（YHOS）是自主研制的分布式批处理系统，主机可承接128道作业，其中63道可同时运行。该系统允许用户指定某道作业为特惠作业，可优先占用各种系统资源；还允许用户随时记盘下机或调盘上机，以方便用户分段算题。在功能完备方面，YHOS超过了Cray-1操作系统（COS）的水平。YHOS采用分层模块化结构程序设计，各模块功能相对独立，接口清晰、可扩充性强，比COS的功能更全。

银河-Ⅰ的汇编语言（YHAL）正确有效、伪指令较多、功能较强，与Cray-1的汇编语言（CAL）兼容，水平与CAL相当。YHAL是自主研发的，包含两遍扫描，由100多个模块、约35 000行代码组成，采用自顶而下的结构设计，接口清晰、层次分明。

银河-Ⅰ的向量高级语言（YHFT）采用基本块优化、表达式优化和目标代码优化等三级优化技术，较好地发挥了银河-Ⅰ的硬件效率。YHFT还配有向量识别器，采用的向量分析和识别方法结合了新的下标追踪法与传统的坐标法，增强了识别功能。全部完成后，它可以识别包含GOTO语句和3种IF语句的DO循环体，使之也能向量化。因此，YHFT在描述向量运算的简洁性和发挥硬件效率等方面超过了Cray-1的CFT。

银河-Ⅰ的数学子程序库，除包含FORTRAN语言的全部内部函数外，还包含了各种向量子程序，达80类、292个模块。由于对并行算法和并行程序设计进行了深入研究，银河-Ⅰ不仅功能比Cray-1多，而且精度、速度都比Cray-1高。鉴定结果显示，银河-Ⅰ数学子程序的各项指标均达到或超过Cray-1（1978年版）。

银河-Ⅰ系统软件中有两个向量识别器（YHFTV和YHVT），其功能是从串行程序中找出可以并行执行的部分，以使银河-Ⅰ能高速运行。向量识别器是当时国际上新兴的巨型计算机系统软件，银河-Ⅰ对向量识别器的使用属于国内首创，填补了这方面的空白。而Cray-1（1978年版）则没有开发和使用向量识别器及其软件功能。

综上所述，从软件角度来看，银河-Ⅰ有优于Cray-1之处。

（4）工程工艺的优势

第一，维护诊断技术方面。

银河-Ⅰ的三控部分利用双阵列部件比较、双数据通路比较、关键控制部件双套比较、奇偶校验等技术，进行了全面的可测性布局，与Cray-1相比，硬件只增加了5%，而大部分故障（包括瞬时故障）都可以及时检测，并为插件级故障诊断创造了极有利的条件。

银河-Ⅰ的主存储器采用优于Cray-1奇偶校验的海明码校验系统，该系统可纠一位错、检测多位错，大大提高了可靠性，并设有完整的自检手段，维护方便。特别是主存储器校验系统的许多重要信息（包括访问源、体号、体内地址和纠错码等），均可以由软件回收，从而保证了对存储体故障的准确定位。使用了海明码校验系统后，银河-Ⅰ主存储器的平均故障间隔时间大约延长了4.6倍，可靠性提高了9倍左右，比Cray-1优越。

银河-Ⅰ自主建立了部件级、插件级、组件级三级诊断系统，诊断速度快、定位准确、使用方便。主机的插件级诊断可以将绝大部分固定性逻辑故障隔离到3个插件以内，大大缩短了维修时间。通过集中式诊断处理部件，在硬件结构基本不变的情况下，诊断维护处理机可以向主机扫入扫出各种控制信息（包括时钟控制），回收所有硬校验信息，为它机诊断和自动调机提供了有力手段。同时，开发的各种故障诊断生成软件，如面向诊断的硬件描述语言DDL-D及其翻译器、随机码生成算法、测试码生成算法、逻辑故障模拟算法，以及权"3"压缩映象故障字典等，有效地解决了复杂功能部件和逻辑插件的测试生成问题。

Cray-1没有设置硬件监测系统。对于Cray-1产生的硬件故障和问题，总设计师克雷出于自信而回避技术缺陷，他始终认为"机器有故障是因为来自宇宙射线的干扰"。维护诊断工程技术方面的欠缺使得Cray-1的监测和故障诊断相当复杂，也为科研人员进行维修（特别是底板维修）增加了许多困难。

第二，主机生产工艺方面。

银河-I的参研人员和技术工人们充分体现了中国人特有的智慧和责任心，他们团结合作、奋勇攻关，保证全机数十万个元器件都通过了严格的老化测试和筛选，上百块多层印制电路板（每块约有5000个金属化孔）同样全部通过了孔壁电阻测试，实现了全机230多万个焊点无一漏焊、虚焊和挂锡的奇迹。

第三，低电压大电流不稳压直流供电技术方面。

银河-I的技术人员攻克了六相-十二相大功率低电压变压器工艺与并行馈电等关键问题，并且首次在我国计算机上采用交流稳压、整流滤波的并行电源馈电系统，全机各点电压差小，功耗最大为25kW，提高了整机系统的稳定性与可靠性。相较而言，Cray-1则是采用简单粗放式的大电流大功耗供电，功耗最大达到115kW，几乎是银河-I的5倍，能源耗费严重。

第四，Cray-1在工程工艺细节方面存在一些不足，致使其研制成功之初（1976年5月—6月）在美国洛斯阿拉莫斯实验室进行考核鉴定时，平均故障间隔时间只有2.5～7.5小时。直到1981年，Cray-1的平均故障间隔时间统计结果才稳定在159.2小时。而银河-I刚研制成功时的平均故障间隔时间就已经达到了441小时，稳定性和可靠性大大超过了Cray-1。

第八章
银河-Ⅰ的应用及影响

银河-Ⅰ研制成功后，它的研制单位（国防科学技术大学）进行了积极的应用推广，使它在国防建设和国民经济中充分发挥作用，取得了多项重大成果。银河-Ⅰ对后续银河系列巨型计算机和天河系列超级计算机的研制工作产生了良好的影响，在科研工程实践中凝聚形成了"银河精神"，激励着一代又一代"银河人"前赴后继、战斗不息。

第一节　银河-Ⅰ的应用推广成果

银河-Ⅰ一共生产了3台：1台留在位于湖南省长沙市的国防科学技术大学计算机研究所，作为业务主机；1台放在位于河北省涿县（现为河北省涿州市）的石油部物探局研究院，作为银河地震数据处理系统的业务主机；1台放在四川省绵阳市，作为西南计算中心的服务主机。

一、在国防科学技术大学计算机研究所的应用情况

首台研制成功的银河-Ⅰ留在了国防科学技术大学计算机研究所，被作为计算业务主机，为国防建设服务。这台银河-Ⅰ自运行以来，长期稳定可靠，故障率极低，每年平均交机率都在95%以上，彻底打破了"国产机不可靠"的论调。它的代表性应用案例如下。

① 为了满足我国长征某型火箭控制系统实验的需要，银河-Ⅰ成功地为该火箭控制系统的方案设计、试样生产及进场验收完成了多次实物仿真，确保了1990年我国第一枚长征某型运载火箭发射的成功。

② 银河-Ⅰ参与了我国东风某型洲际弹道导弹全程实验的工程计算任务，为研制更精确的制导系统做出了重要贡献，使之成为中国新一代的重要战略武器。

③ 银河-Ⅰ为江汉油田开发了三维石油地震处理系统，解决了异构型机之间不

同字符、不同字长的传输问题，大大提高了数据处理效率，完成了湖北江汉平原几百平方公里的三维石油地震处理，促进了我国石油勘探计算机应用技术的发展。

④ 银河-I 为银河-II 硬件、软件的预研做了大量工作，如银河-II 硬件系统的插件逻辑模拟、延时测定，银河-II 系统软件、应用软件、工具软件的调试等。银河-I 起到了"母机"的作用，缩短了银河-II 的研制周期，加快了工程进度。

二、在石油部物探局研究院的应用情况

地震勘探是现代石油勘探最重要的一种手段。应用地震勘探的新技术，不仅可以清楚地知悉地质构造特征，还可以了解地层岩性变化特征和油气水分布特征。利用地震勘探的成果，可以在只打少数几口参数井的条件下，对一个地区进行资源评价，甚至进行储层评价和储量计算，从而指导进一步的勘探和开发。所以，我国石油部门历来强调要"地震（勘探）先行"。

20世纪80年代，因自身计算机能力不足和西方的技术封锁，我国石油数据处理"受制于人"。石油部门的人员深感必须依靠自己的技术和力量，研制自己的地震数据处理系统，以便打破国外对我国使用高性能计算机的限制。1982年6月14日，石油部与国防科委签订了《银河地震数据处理系统工程协议书》；同年8月30日，石油部物探局与国防科学技术大学签订了《银河地震数据处理系统工程合同》，将研制生产的第二台银河-I 安装在河北省涿县石油部物探局，作为银河地震数据处理系统的业务主机。

银河地震数据处理系统是以银河-I 为核心的多机复合系统，这是从我国国情出发自主研发的第一个大型地震数据处理系统。针对地震数据处理中数据量大、人工干预多、多用户同时作业、各种处理模块运算量差异大、批量连续作业等特点，科研人员在这台银河-I 上采取了以下技术措施。

① 为银河-I 主机增配两台前端机，并且研制了相应的软硬件接口，使银河-I 主机与前端工作机之间可以方便地进行信息交换与数据传输。两台前端工作机的配套都比较齐全，可以与银河-I 在数据输入输出、前后加工及绘图显示等方面协同工作。

② 研制出一整套地震应用软件系统，既包括地震资料常规处理的各主要模块，又具备反映当代地震新技术的特殊处理模块，还为银河应用软件发展建立了一些必

要的管理软件、服务性软件及软件开发工具。

③ 对银河-Ⅰ主机的操作系统（YHOS）、编译系统（YHFT）和应用程序进行改进，使银河-Ⅰ的通用软件系统更适合地震数据处理的要求。

④ 建立了网络系统（YHNET）和远程工作站，实现了大范围、多用户共享银河-Ⅰ系统资源。

1987年2月，以银河-Ⅰ为核心的银河地震数据处理系统顺利通过国家鉴定，获得国家科技进步奖一等奖。石油部物探局的这台银河-Ⅰ投入应用后稳定可靠，为石油地震数据处理精加工和油藏模型的建立、分析做了大量工作，成为我国石油自主勘探开发强有力的计算工具，为我国巨型计算机应用系统的发展积累了宝贵经验，标志着我国对石油的勘探、开发、应用达到了新水平。

三、在西南计算中心的应用情况

第三台银河-Ⅰ于1987年安装在中国工程物理研究院西南计算中心，作为业务主机服役至1994年，使用时间长达7年多，主要为我国核能科学的研究工作提供服务。

这台银河-Ⅰ配有两台银河超级小型计算机作为前端工作机，研究人员对其进行了系统软件的改进与扩充，对核物理计算方法、并行设计等特定应用程序进行了开发。这台银河-Ⅰ在服役期间始终稳定可靠，交机率达92%以上，每年提供8000多机时，为我国核科学与工程物理研究以及航空航天等国防尖端技术课题计算做出了巨大贡献。

第二节　银河-Ⅰ对后续"银河－天河"科研工程的影响

银河-Ⅰ的成功，为后续研制银河系列巨型计算机和天河系列超级计算机的"银河－天河"科研工程起到了示范作用。

一、对"银河"系列巨型计算机的影响

银河-Ⅰ首先对银河-Ⅱ银河-Ⅲ等巨型计算机的研制产生了直接的积极影响。

1. 银河-Ⅱ：十亿次级并行巨型计算机

银河-Ⅱ（见图8-1）是继银河-Ⅰ之后，"银河"系列的第二个型号，也是我国第一台运算速度达到十亿次级的巨型计算机。它于1988年开始研制，1992年研制成功。

图8-1　银河-Ⅱ实物（来源：国防科技大学计算机学院）

银河-Ⅰ对银河-Ⅱ的影响主要体现在以下3个方面。

（1）战略决策参考

银河-Ⅰ的研制成功，极大地鼓舞了研制单位（国防科学技术大学计算机研究所）的参研人员，面对世界巨型计算机的飞速发展，他们勇于挑战，决心研制性能更高的巨型计算机。鉴于银河-Ⅰ研制工作始终得到中央、国家和军队高层的大力支持，计算机研究所科研人员系统地总结了银河-Ⅰ在战略决策方面的成功经验，决定给中央上书，请战研制新一代银河巨型计算机。1986年2月，该研究所向国防科工委呈报了《关于发展银河巨型计算机的建议》。同年6月，在老系主任、时任国防科工委科技委常委慈云桂的协助下，该研究所的3名主要领导陈福接、周兴铭、陈立杰联名向国务院总理写亲笔信，希望受领新的巨型计算机研制任务。

1986年6月30日，国防科工委向国防科学技术大学下达《关于贯彻中央领导同志批示落实巨型机研制任务的通知》，明确了由该校研制新一代银河巨型计算机，并确立了第一家用户单位为中国气象局，银河-Ⅱ由此进入预研阶段。1988年3月12日，中国气象局北京气象中心与国防科学技术大学签订合同，落实了经费，银河-Ⅱ的研制正式启动。

（2）研制团队传承

银河-Ⅱ研制团队主要由银河-Ⅰ研制任务中的中年主力和涌现出的青年骨干组

成。该团队在银河 -I 成功经验的基础上，完善并形成了新的"两条指挥线"制度体系：银河 -II 工程设计师系统是由总设计师、主任设计师和主管设计师3级组成的技术指挥线，负责银河 -II 研制中的技术工作；银河 -II 工程行政指挥系统是由工程总指挥、研究所总工程师、副总工程师和有关教研室主任、副主任组成的行政指挥系统，负责银河 -II 工程的组织指挥、计划调度、人员经费、物资保障等工作，组织跨部门的协调工作。

银河 -II 总设计师周兴铭和工程总指挥陈福接，都是原银河 -I 研制总体组成员；银河 -II 副总设计师彭心炯、组装结构主任设计师史庆余、组装技术与工艺主任设计师苏长青、辅助设计和测试主任设计师李思昆、电源系统主任设计师耿惠民等，都是原银河 -I 研制中硬件团队的主要成员；银河 -II 副总设计师陈立杰、系统软件主任设计师曹琳、应用软件主任设计师李晓梅、主机系统主任设计师杨晓东、外围系统主任设计师黄克勋等，都是原银河 -I 研制软件团队的主要成员。

原银河 -I 总设计师慈云桂虽然已经调至国防科工委科技委工作，但他仍然心系银河 -II 的研制工作，倾注了大量心血和特殊关怀。银河 -II 研制团队在讨论总体方案和技术创新细节时，多次征询慈云桂的意见，经常向他汇报研制进展情况。慈云桂每次都毫无保留地提出自己的意见和建议，对银河 -II 早期研制工作给予了许多具体指导。1990年3月，在银河 -II 研制进展不太顺利时，慈云桂应国防科学技术大学计算机研究所的邀请，又一次（也是最后一次）来到银河计算机房。他先后与十几名主任设计师和骨干参研人员促膝长谈，了解技术难题，及时提出解决方案，为银河 -II 关键核心技术难题的突破做出了重要贡献。

（3）技术创新积累

银河 -II 创新性地发展了银河 -I 的单处理机双向量阵列体系结构思想，构建了4个高性能向量中央处理机的共享主存紧耦合体系结构，基本字长为64位，主频为50MHz，主存储器容量为256MB，32体交叉存取，体存取周期为60ns，带宽为320MB/s，全系统峰值速度为400MFLOPS（相当于平均运算速度达10亿次/秒以上），4个处理机并行处理的最高加速比可达3.8。

银河 -II 在银河 -I I/O 系统的基础上设置了独立的双 I/O 子系统，峰值速度为30MIPS，存储容量为32MB，存储器带宽为800MB/s，最大配置为128台磁盘机、128台磁带机。

银河 -II 针对银河 -I 在高速网络方面的不足，研制了符合国际光纤分布式数据接口（Fiber Distributed Data Interface, FDDI）标准的100Mbit/s高速光纤网和中速以太网接口，这些使银河-Ⅱ实现了网络计算。

银河-Ⅱ将银河-Ⅰ的操作系统升级为并行操作系统，实现了高效多处理机管理调度，以批处理工作方式为主，有一定的交互能力；发展出了支持并行处理的高性能FORTRAN编译系统和汇编系统，以及多任务库、丰富的通用数学库软件、GKS图形库软件和软件工具，这些都为大科学、大工程并行计算提供了有效的支持和良好的环境。

同时，科研人员在银河-Ⅰ上建立了银河-Ⅱ模拟器和各种调试工具，用来调试各种库软件、汇编程序、操作系统、FORTRAN编译器、应用软件、多任务库和"银河-Ⅱ"考题等。银河-Ⅰ成为银河-Ⅱ研制过程中必不可少的工具之一。

总之，在银河-Ⅰ研制成功的技术积累上，银河-Ⅱ研制团队连续攻克了一系列关键核心技术，包括：多处理机并行体系结构、高性能中央处理机设计、高速共享大容量主存储器、独立双I/O子系统、系统动态容错重构、三级诊断系统、50MHz高主频技术、高速大型电子系统集成式CAD、14层埋孔大面积多层印制电路板、高密度双面混装技术、压接和绕接互连技术、低电压大电流分布均衡供电、高密度大热量风冷技术、并发智能磁盘子系统、大型联机磁带子系统、FDDI高速光纤网及OSI网络软件、并行操作系统、并行与向量化FORTRAN编译系统、多任务库、并行应用软件和软件工具等，使银河-Ⅱ在体系结构、硬件、软件和工程实现等各方面都有所创新，与银河-Ⅰ相比又迈上了一层台阶。

1992年11月18日—19日，"银河-Ⅱ巨型计算机系统国家鉴定会"在长沙举行，鉴定委员会一致认为，银河-Ⅱ是我国自行研制的第一台面向大科学、大工程计算和大规模数据处理的通用十亿次级并行巨型计算机，系统稳定可靠，各项技术指标均达到或超过研制任务书规定的指标，其综合能力约为银河-Ⅰ的10倍，总体上达到了20世纪80年代中后期的国际水平，是我国科技战线的又一项重大成果。银河-Ⅱ获得国家科技进步奖一等奖，被列为1992年全国十大科技成果之首，并被写入当年的政府工作报告之中。

1992年11月，时任中共中央总书记、国家主席、中央军委主席江泽民为祝贺银河-Ⅱ研制成功亲笔题词"攻克巨型机技术 为中华民族争光"。1993年5月25日，江泽民主席签署命令，授予国防科学技术大学计算机系兼研究所"科技攻关先锋"荣誉称号。

2. 银河-Ⅲ：百亿次级大规模并行巨型计算机

银河-Ⅲ（见图8-2）是在银河-Ⅰ、银河-Ⅱ基础上研制出的第三代银河高性能计算机，该机于1994年立项，1997年研制成功。该巨型计算机由128个计算处理节点、8个计算处理备份节点、8个I/O处理节点，以及相应的系统软件组成，基本字长为64位，全系统内存容量为9.15GB，峰值速度达到13GFLOPS。

图8-2　银河-Ⅲ实物（来源：国防科技大学计算机学院）

20世纪90年代，许多大科学、大工程计算领域，如热核模拟、计算流体动力学、中长期天气预报、加密与破译研究、军事运筹与战场仿真、生命科学与医药研究等，都对高性能计算机提出了很高的要求。在这些需求的推动下，世界巨型计算机技术迅速发展。

银河-Ⅰ和银河-Ⅱ的体系结构都采用了向量多处理机（MP）技术，银河巨型计算机研制团队对这项技术已是轻车熟路。但是，MP技术对运算速度在百亿次级以上甚至更高计算能力的巨型计算机已经不适用了。当时，大规模并行处理（MPP）技术刚刚在国际巨型计算机舞台上崭露头角，主流机型还没有形成，这条路能不能走得通尚未可知。当时，银河巨型计算机研制团队正处在新老交替的过程中，银河-Ⅰ总设计师慈云桂已经过世，银河-Ⅱ总设计师周兴铭和工程总指挥陈福接逐步退居二线，新晋的中青年骨干还没有经历过重大工程任务的考验，经验欠缺，压力很大。国防科学技术大学计算机系兼研究所成员集体认真分析研究后，认为"上马银河-Ⅲ工程存在几个有利条件：一是有党中央、中央军委对银河工程的关怀与支持；二是有丰富的教学科研经验，特别是银河-Ⅰ、银河-Ⅱ巨型机研制的成功典范；三是有一支思想稳定、作风优良、技术精湛、敢打敢拼的研制队伍，可以突破大规模并行处理等关键核心技术；四是有激励几代人艰苦奋斗、无私奉献的银河精神，确保工程任务可以圆满完成。"

在银河-Ⅰ研制成功后，由于没有持续强力的新用户需求，研制单位一直等待了5年，才使银河-Ⅱ批准立项。在计算机科学技术飞速发展的年代，5年的时间无疑是十分残酷的消耗。鉴于银河-Ⅰ和银河-Ⅱ在应用方面的不足，银河-Ⅲ研制团队在国防科工委的指导和帮助下，利用银河-Ⅰ和银河-Ⅱ工程中与有关用户建立起来的合作关系，持续与潜在用户进行谈判与交流，最终与核能科学应用领域的用户确定了"捆绑式"合作，使第三代银河大规模并行巨型计算机的研究能顺利获得批准立项，启动研制。

1994年3月27日，银河-Ⅲ正式立项研制，并被列入国家"八五"重大国防科研计划。该科研工程继续采用行政和技术"两条指挥线"组织管理体系，工程总指挥为卢锡城，技术总设计师为杨学军。

卢锡城参与过银河-Ⅰ的研制工程。1982年，为布局新一代银河巨型计算机的预研工作，他被总设计师慈云桂派往美国麻省大学做了为期两年的访问学者，研究方向为计算机网络和分布处理。归国后，他立即加入银河-Ⅱ研制团队，主持研制成功我国第一个自主研制的高速计算机网络——银河-Ⅱ高速网络系统，解决了巨型计算机高速网络软件实现及优化等技术问题，使银河巨型计算机首次具备网络超算能力。他在作为工程总指挥主持研制银河-Ⅲ的过程中，在攻克系统总体设计、高带宽低延迟通信结构及优化协议、并行输入输出、处理机自动分配及调度、高速网络等技术难题方面发挥了重要作用。1999年，卢锡城当选中国工程院院士。

杨学军在国防科学技术大学计算机系读硕士期间加入了银河-Ⅰ研制工程，作为主要技术骨干参加了银河-Ⅰ的"CFT移植与开发"工作，提出了高效编译优化方法和指令调度优化算法，提高了银河-Ⅰ的FORTRAN编译系统向量计算效率。在银河-Ⅱ研制工程中，他担任"多任务库"攻关核心人员，攻克了多处理机并行软件的关键技术难题——并行处理技术，为银河-Ⅱ研制成功做出了突出贡献。从银河-Ⅲ起，他连续担任5个代次银河系列巨型计算机的总设计师，并担任我国首台千万亿次级超级计算机系统——天河一号的总设计师和亿亿次级超级计算机系统——天河二号的总指挥，成为当之无愧的领军人。2011年，杨学军当选中国科学院院士。

1997年6月19日，国防科工委在北京主持召开了"银河-Ⅲ大规模并行巨型计算机系统国家鉴定会"。鉴定委员会一致认为："银河-Ⅲ并行巨型计算机系统在采用访存指令直接访问全局共享分布存储器，基于三维环网拓扑的宽带、低延迟通信，MPP资源管理与处理机调度，可移植PDI框架的并行I/O软件，面向多种语言、多目标机的具有统一代码结构的高性能优化编译，巨型计算机高性能网络软、硬件设计等技术方面属于国内领先水平，系统综合技术达到当前国际水平。……银河-Ⅲ并行巨型计算机的研制成功，标志着我国高性能巨型机研制技术又取得了新的突破，又一次证明我国已经具备研制高性能并行巨型机的能力。银河-Ⅲ并行巨型计算机是我国高科技领域取得的又一重大成果，必将对我国国防建设、国民经济建设和科学技术的发展产生重大的推动作用。……银河-Ⅲ的技术资料齐全，已达到并超过原定的设计指标，一致同意银河-Ⅲ并行巨型计算机系统通过鉴定。"

银河-Ⅲ被评为1997年十大科技成果之一，并被列为党的十四大以来国家大事记中的重要一项，在我国国防建设、国民经济和科学技术的发展等方面发挥了重大作用。

二、对"天河"系列超级计算机的影响

银河-Ⅰ也对新时代的天河系列超级计算机的研制产生了积极的激励作用。

1. 天河一号

天河一号（见图8-3）是我国第一台千万亿次超级计算机，以银河-Ⅰ研制单位（国防科学技术大学）历经多年的技术积累、多代银河巨型计算机的研制经验为基础，由银河-Ⅰ工程中涌现出来的青年科研骨干杨学军担任总设计师，带领团队刻苦攻关研制成功。天河一号一期系统（TH-1）于2009年10月在湖南省长沙市首次亮相，以1206TFLOPS（峰值速度）和563.1TFLOPS（持续速度）的LINPACK实测性能，位居当年中国超级计算机100强之首，在世界超级计算机TOP500排行榜中排名亚洲第一、世界第五，也使我国成为继美国之后世界上第二个能够自主研制千万亿次级超级计算机的国家。

图8-3　天河一号实物（来源：国防科技大学计算机学院）

　　2010年11月，经过升级改造后的天河一号二期系统（TH-1A）在天津市滨海新区的国家超级计算天津中心横空出世，以峰值速度达4700TFLOPS、持续速度达2566TFLOPS（LINPACK实测）的优异性能，刷新了当时世界超级计算机系统运算速度纪录，在第36届世界超级计算机500强排行榜上一举超越美国CRI的"美洲虎"超级计算机，问鼎冠军（见图8-4）。时任国家超级计算天津中心主任刘光明作为代表亲自赶赴美国参加大会，现场从全球超级计算机TOP500排行榜创始人杰克·唐加拉手中接过天河一号夺冠的证书（见图8-5），实现了自银河-Ⅰ研制成功以来，一代代"银河人"不懈追求的"中国超级计算机实现世界第一"的梦想。

**图8-4　天河一号在第36届世界超级计算机TOP500排行榜中排名第一
（来源：国防科技大学计算机学院）**

图8-5 国家超级计算天津中心主任刘光明（右）接过天河一号的夺冠证书
（来源：国家超级计算天津中心）

天河一号部分采用了国防科学技术大学自主研制的飞腾-1000中央处理器，在异构融合体系结构、基于高阶路由的高速互联通信、高性能虚拟计算域等方面取得了新的突破，天河一号二期系统还在大规模集成电路芯片、节点机、网络、印制电路板、操作系统、编译系统等关键技术上成功升级。天河一号的研制成功是我国高性能计算机技术发展的又一个重大突破，是国家和军队信息化建设的又一项重要成果，为解决我国经济、科技等领域的重大挑战性问题提供了重要手段，对提升综合国力具有重要战略意义。

目前，天河一号已在石油勘探、高端装备研制、生物医药、动漫设计、新能源、新材料、气象预报、遥感数据处理、金融风险分析等领域获得成功应用，在国家超级计算机天津中心和长沙中心先后为上千家用户单位提供过服务。

2. 天河二号

天河二号（见图8-6）由国防科学技术大学计算机学院近百人的科研团队于2013年6月研制成功。天河二号的峰值速度达54.9PFLOPS、持续速度达33.9PFLOPS，超越美国的泰坦（Titan），成为当时世界上最快的超级计算机，并从2013年6月至2016年6月在世界超级计算机TOP500排行榜连续位居榜首，创下"六连冠"的纪录。

图8-6　天河二号实物（来源：国防科技大学计算机学院）

天河二号总设计师为廖湘科，在国防科学技术大学计算机系读硕士期间，他在1985年被慈云桂派往英国学习FORTRAN编译器知识，回国后仅用半年时间就与同事一起成功开发出功能齐全的向量编译器YFT77，极大地提高了巨型计算机的运算速度。之后，他在银河系列巨型计算机研制工程中先后担任主任设计师、副总设计师、常务副总设计师，创新性地提出了页复制、页分布、页迁移的综合数据局部化技术，基于端点映射和内存映射的通信协议，任务－逻辑CPU-物理CPU的两级调度算法等。2011年起，他担任天河二号总设计师，为我国自主研制超级计算机的综合技术水平进入世界领先行列做出了突出贡献。2015年，廖湘科当选中国工程院院士。

天河二号的体系结构设计，创新性地发展了天河一号关于异构协同计算的技术路线：自主开发了新型异构多态体系结构、新一代高性能通用CPU、高速互连技术、新型层次式加速存储架构；基于自主通信接口芯片和互连交换芯片，设计实现了光电混合的自主定制高速互连系统；采用了综合化的能耗控制机制；设计实现了基于背板前后对插、水平盲插的高密度、高精度组装结构……这一系列技术创新和突破，使得天河二号的综合技术取得了国际领先地位。

当前，天河二号作为国家超级计算广州中心的业务主机长期运行，已应用于生物医药、新材料、工程设计与仿真分析、天气预报、智慧城市、电子商务、云计算与大数据、数字媒体等多个领域，逐步在生命科学、材料科学、大气科学、地球物理等一系列事关国计民生的大科学和大工程中大显身手。

第三节　银河-I 科研工程实践中产生"银河精神"

所谓精神，在《辞海》中解释为：人的意识、思维活动和自觉的心理状态，包括情绪意志、良心等；唯物主义者常把精神当作和意识同一状态的概念来使用，认为它是物质的最高产物。技术创新精神指技术创新主体不满足技术现状、追求技术创新以推动技术进步的精神特征，它以技术创新主体的技术创新观念或意识为思想基础。技术创新中形成的精神是在科学研究发展过程中逐步积淀下来的内在气质，是一种文化资源，具有教育熏陶、凝聚感召、激励引导的作用，经年累月成为技术创新的灵魂。

国防科学技术大学计算机系兼研究所的全体人员，在"哈军工"优良传统的熏陶下，在长期的科研工程实践，特别是以银河-I 为代表的银河系列巨型计算机的研制过程中，逐渐形成了以"胸怀祖国、团结协作、志在高峰、奋勇拼搏"为主要内容的"银河精神"。银河精神是一种富有时代特色的技术创新精神，有着深厚的群众基础和强大的凝聚力量，在银河系列巨型计算机和天河系列超级计算机等科研工程中，对广大参研人员产生了巨大的鼓舞和激励作用，成为研制单位勇立潮头、赓续发展的"传家宝"。

一、银河精神的凝练与形成

1. 胸怀祖国

胸怀祖国就是银河-I 研制人员始终把自己从事的工作紧密地与强军兴国联系在一起，自觉为国争光的精神品质。他们始终认为：科学无国界，科学家有祖国；爱国，应该是科学家的首要品质。由此可以看出，银河-I 研制团队是具有宏伟志向和高尚觉悟的"国家队"，这是他们的事业长盛不衰的根本原因。

在银河-I 研制之前的全国调研期间，国防工业有关部门反映，由于没有高性能计算机，当时有的尖端科研研发只能进行实地风洞实验，而每次实验都要花费国家上百万、上千万的经费，科研人员非常希望我国能早日研制出一台巨型计算机，应用于模拟实验，以减少巨额的实验经费投入。国家防汛有关部门反映，由于没有巨型计算机，无法对复杂的气候进行中长期数值预报，多次洪水来袭却没有办法防备，人民生命财产蒙受重大损失。石油勘探有关部门反映，我国每年要将勘探出来的石油矿藏数据和资料用飞机送到国外进行三维处理，这不仅花费巨大，还让外国人知晓了我国的数据资料分析结果。调研组组长慈云桂和参加调研的成员们一边听一边思考，特别是听到石油勘探有关部门领导的介绍时，更是心潮澎湃、激愤难平：他们向某西方大国租借了一台400万次/秒的中型计算机，该机被锁在一个玻璃房里，中国科学家要在外国人的监视下才能上机操作。民族的自尊心、职业的责任感，激发了慈云桂等人为国争光的豪情壮志。大家一致认为，高科技是花钱买不到的，中国的现代化不能乞求别人的恩赐，必须奋发图强、自力更生，研制出中国自己的巨型计算机。正是在这种"胸怀祖国"志向的激励下，银河-I一举打破国外垄断，为中华民族争了光，被国人赞誉为"争气机"。

2. 团结协作

团结协作就是发挥密切协同的集体优势。银河-I的研制，是一个庞大的系统工程，各个子系统之间都有着千丝万缕的联系，环环相扣，任何一个环节出现问题，都有可能发生难以预料的状况。只有团结一心、分工协作、集智攻关、无私奉献，才有可能完成如此重大的科研工程任务。

银河-I研制团队中流传着一句话："巨型计算机研制是集体的事业，一个人只有融进集体，才能最大限度地实现人生价值；离开集体，个人本事再大也一事无成。"这是他们的切身体会，也是巨型计算机研制特点所要求的——项目大、研制人员多，每个人只能从事其中一小块。为适应这个特点，研制团队自觉从大局出发，心往一处想、劲往一处使、汗往一处流，逐渐形成了"团结协作"的优良作风。银河-I技术讨论会上，无论是年长还是年轻的团队成员都能平等地发言，以至于后来有的好建议或好点子究竟属于谁都很难分清，大家也不计较。当然，在银河-I工程团队这个高级知识分子扎堆的组织中，"文人相轻"也不是一点没有，但普遍处理得不错。

银河-I工程还有一个考验——报奖。研制任务结束后申报国家科技成果奖，团队里一半以上的人无法署名。成果奖对个人很重要，既是晋升职称的重要依据，又是科研人员工作评价的重要尺度，但银河-I绝大多数参研人员对待报奖的态度都很好，很多人都互相谦让，使得报奖工作相对比较顺利。当然，这中间不是没有人有过想法，但通过银河-I研制单位领导耐心的思想工作，参研人员最后都能理解。大家都能以集体为重，这也是银河精神中"团结协作"的深刻内涵。

3. 志在高峰

志在高峰就是坚持高标准，跟踪国际前沿，向着巨型计算机研制的"珠穆朗玛峰”不断攀登。

在银河-Ⅰ研制之前，国防科学技术大学计算机研究所这支队伍只搞过百万次级计算机，没有研制巨型计算机的经验。跨过千万次级，直奔亿次级，研制能不能成功？外界确实有人对此产生怀疑。但是，银河-Ⅰ研制团队相信自己的实力，他们认为要干就干第一流的事业！他们摒弃安于现状、坐井观天、因循守旧、墨守成规的旧思想观念，以战略的眼光、超人的勇气、科学的态度，瞄准前沿、与时俱进，大胆借鉴当时世界上最先进的巨型计算机 Cray-1 的设计思想，在银河-Ⅰ的体系结构、硬件、软件及工程工艺方面都有自己的独特创新，圆满地实现了中国巨型计算机“从0到1”的历史性跨越，为中国超算后续“从1到100”的不断突破奠定了高起点。

4. 奋勇拼搏

奋勇拼搏就是在“研制中国第一台巨型计算机”这样一个国家重大科技攻关项目中，广大参研人员身上体现出的不畏艰险、克服困难的钢铁意志，以及奋勇争先、顽强拼搏的英雄气概。这样的生动事例，在银河-Ⅰ研制中不胜枚举。

银河-Ⅰ电路研究室测试组组长王育民，在银河-Ⅰ维护测试期间，由于经常加班、劳累过度，突发脑溢血倒在工作岗位上，去世时年仅38岁。银河-Ⅰ应用软件研究室副主任蹇贤福，在银河-Ⅰ攻关的关键时期被医院确诊为肝癌晚期。住院第三天，他强忍剧痛，催促家人把科研资料带到病房，利用每次服用镇痛剂后的短暂时间写写算算，终于与同事一起完成了30多万字的并行算法研究报告，为银河-Ⅰ的研制战斗到生命的最后一息。在银河巨型计算机攻关的征途中，还有许多英年早逝的名字：乔国良教授，56岁；钟士熙教授，49岁；张树生讲师，40岁……甚至有人说，在九泉之下，完全可以组织起另一支巨型计算机研制队伍。

银河-Ⅰ研制之初，除了需要科研人员集中精力投入的主体工程，还有其他大量辅助性工作也需要人手。为了保障工程任务顺利完成，国防科委从各野战部队抽调了56名战士分配到研制单位，加入银河-Ⅰ工程。这56名战士有的是炊事员，有的是饲养员，有的是勤务兵，文化程度普遍不高，但他们在银河-Ⅰ任务中玩命干活、自学成才，经过5年的攻关奋战，不仅全部留了下来，还都晋升为技术员。银河-Ⅰ研制成功后，这批参研战士中有2人经申报成为助理工程师，有6人考上了大学。胡封林、崔向东、兰晋旗等人还继续参加了银河-Ⅱ、银河-Ⅲ等巨型计算机的研制工作，他们分别被评为教授、研究员和高级工程师，最后在研制单位光荣退休。

银河-Ⅰ研制期间，国防科学技术大学的1977级、1978级两届计算机专业本科生大部分都参加了工程任务，不少学员的毕业设计与论文都是银河-Ⅰ工程中的一些科研项目。银河-Ⅰ研制成功后，为了保障其在西南计算中心的顺利应用及维护，还有30名学员毕业后随银河-Ⅰ一起"陪嫁"到了位于四川省绵阳市的军事基地，在祖国的大西南继续拼搏，为国防事业默默奉献。

二、银河精神的提出与弘扬

1. 银河精神的提出

银河系列巨型计算机研制成功后，在国内外产生了强烈反响，媒体纷纷追问：是什么精神力量推动着研制团队创造了一个又一个重大科研工程奇迹呢？答案就是——银河精神！那么，银河精神是如何提出来的？曾在国防科学技术大学计算机学院政治委员岗位上工作了11年之久的刘世恩少将，对此有着深情的回忆。

1991年10月的一天，我那时在（国防科学技术大学）校政治部宣传处当处长，时任计算机系（兼研究所）主任的陈福接教授拿着一张纸来到我办公室，纸上有几行字，其中一行是：胸怀祖国、团结协作、志在高峰、奋勇拼搏。陈主任说，系里要召开第四次党代会，准备在会上把银河精神归纳总结一下，通过征求意见，提出了几个方案，要我给参谋一下。

当时，我从岢岚基地调来国防科学技术大学刚刚一年，了解情况不多，但对银河人为我国计算机事业做出的杰出贡献，以及银河人在教学科研，特别是银河系列巨型计算机研制中展现出来的精神风貌深表敬佩。能把这种精神归纳总结出来，用以进一步教育、激励群众，完全符合社会主义精神文明建设的要求。于是，我连声说，好！好！这是一件很好的事情！但要我谈具体参考意见，没有经过深入调查了解，实在不敢妄加评论。陈福接指着"胸怀祖国、团结协作、志在高峰、奋勇拼搏"16个字说他倾向于这条。我说，这条确实不错，能把银河人的气魄和精神风貌表达出来。

1991年12月，在银河-II即将研制成功前夕，国防科学技术大学计算机系召开第四次党代会。经过大会热烈讨论，与会人员一致同意将"胸怀祖国、团结协作、志在高峰、奋勇拼搏"16个字作为银河精神的具体内容。事后，系主任陈福接和当时的系政委唐江分别和我说，银河精神的16个字已被确定下来，并逐步得到广大教职员工的认同。1993年4月下旬，在国防科学技术大学建校40周年之际，学校召开党委常委会正式确认了由这16个字组成的银河精神。

这就是银河精神的提出过程。不难看出，它完全是从实践中来的，是银河人在长期的教学科研实践中逐渐凝练而成的，到研制银河-I、银河-II时可以说已经成熟和自觉了。

2. 银河精神的弘扬

1993年11月，刘世恩从国防科学技术大学的校政治部调任计算机系兼研究所政委，与接替陈福接担任系（所）主任的卢锡城一起研究如何弘扬银河精神。1994年8月，计算机系组织召开了党委扩大会，就弘扬银河精神达成了三点共识：第一，银河精神是传家宝，没有银河精神，就没有计算机系的今天；第二，新形势下，必须继续弘扬银河精神；第三，共产党员，特别是党员领导干部，要带头弘扬银河精神。系党委在思想认识统一后，立刻加大了对银河精神的弘扬力度。

1994年10月，全系组织了以"共产党员要做继承军工优良传统、发扬银河精神的模范"为题的大党课。1995年，系党委邀请银河-I研制的老专家胡守仁、银河-II工程的总设计师周兴铭为全体教职员工做了银河精神专题报告，引起了强烈反响。1996年是计算机系成立的30周年，系党委抓住这个有利时机，通过在校报发表《银河精神永放光芒》纪念文章、再次组织全系大党课等活动，把银河精神的宣传教育推向一个新高潮。

1999年，根据国防科学技术大学编制体制调整，计算机系兼研究所升格为计算机学院。他们注重结合当时教学科研工作的新实际，持续进行银河精神的宣传弘扬：先后出版了《银河颂》《银河魂》《银河精神教育材料汇编》《银河精神的形成与弘扬》等图书，印制了《银河辉煌》纪念画册，建设了银河历史成果馆和银河文化长廊，举办了"情系银河"文艺晚会和每年一度的"银河之光"计算机文化节等活动，使银河精神教育持久深入，并在全院上下形成浓厚的"银河"文化氛围，使广大教职员工随时随地能感受到银河精神的熏陶，把银河精神不断传承下去。

2006年，解放军原总政治部把银河精神与井冈山精神、长征精神、雷锋精神、"两弹一星"精神、载人航天精神等43种革命精神并列，一同收入《革命精神光耀千秋》思想政治教育教材。银河精神成为全军宝贵的精神财富，并持续发扬光大。

第九章
思考与启示

银河-I 是一项重大国防科研成果，受到国家高层的战略支持，充分利用了改革开放的条件，借鉴国外先进技术并结合我国情况有效创新，最终高质量完成。作为我国大科学工程研制的典范之一，银河-I 为我国计算机事业的发展提供了经验，对当下我们探索中国式现代化建设、实现高水平科技自立自强具有很好的启示作用。

在 1983 年 12 月的银河-I 国家鉴定大会上，慈云桂在《"七八五"工程银河亿次机研制报告》中，总结了攻关和研发方面的一些经验与收获。

① 提供了强有力的计算工具，已经为一些单位原来无法计算的大型课题计算出较满意的结果。

② 形成了一支研制超高性能计算机的队伍，这是一支从教授到工人、从总设计师到程序员实验员的具有层次结构的队伍，在银河机研制过程中，锻炼了思想作风，提高了理论水平和实践能力。

③ 建成了一条符合我国国情的半自动化巨型机生产线，摸索出一套切实可行的生产工艺和生产管理制度。

④ 带动了计算机辅助设计、生产、测试和调试的理论研究和工程实践，不少成果和设备正在发挥重要作用。

⑤ 实践了软件工程化，进行了结构化程序设计，积累了一套研制大型计算机工程的科学管理方法。

⑥ 促进了大学本科生、硕士生和博士生的教学，丰富了教学内容，提高了教学质量，取得了一批较高质量的毕业论文，形成了培养博士和硕士生的、教学和科研相结合的基地。

⑦ 在全国范围内形成了一支并行算法和并行程序设计的科研队伍，他们所做的一些研究工作，填补了国内空白。

⑧ 积累了大批资料，包括国内外有关大型机、巨型机方面的最新资料，以及在银河机研制过程中我们和协作单位编写的大批技术资料和教材。

但实际上，在银河-I研制过程中形成的宝贵历史经验，并不仅限于几条会议报告的总结，在更加普适的层面上，它对后续银河系列巨型计算机和天河系列超级计算机的研制，乃至对当今中国超算事业的发展，都提供了可供汲取的养分与久经考验的借鉴。概括起来，主要有以下6个方面。

一、国家高层的战略支持

银河-I是在我国最高层领导的重视与支持下研制成功的，高度体现了国家研制巨型计算机的战略需求、战略意志与战略价值。邓小平亲自下达巨型计算机研制任务，由当时国防科技最高领帅机构——国防科委的主任张爱萍督办、副主任张震寰挂帅组建领导班子，从上到下统筹技术力量投入银河-I的研制之中，这在同时期的国内大型科研工程中是不多见的。

在银河-I研制期间，相关工作得到中央、国家、军队高层领导的持续关注。邓小平多次向张爱萍询问研制情况，王震、方毅、耿飚、王首道、钱学森、洪学智等曾亲临现场视察指导。得益于北京和长沙之间建立的"指挥热线"，下面的问题"不过夜"便可反映给上面，高层对研制工作实施了强有力的领导和保障。国防科委责令国防科学技术大学把巨型计算机研制作为首要任务来抓，该校迅速成立"785工程"领导小组，加强对整个研制任务的具体领导；同时组成校、所、室、组的一整套指挥系统，定期召开联合会议，及时解决各种问题，从而使银河-I工程任务得以高速度、高质量、高效率地完成。这样密切、持续的关注，这样快速反应的指挥，充分表明国家高层极为重视并直接领导了银河-I的研制全过程。

与此同时，银河-I研制工程在人力、财力和物力等各方面都得到了国家有关方面的大力支持。20世纪70年代后期，"文化大革命"刚刚结束，国家百废待兴，特别是1976年唐山大地震给国民经济带来极大损害。就是在这样困难的情况下，国家仍然下拨了巨额经费来保证银河-I的研制。国家相关部门还协助国防科学技术大学计算机研究所从全国各地的科研院所抽调了一批技术人员、录用了一批计算机专业大学毕业生、招收了一批优秀战士和知青等人才，充实银河-I研制团队，从而形成梯队分明、层次合理、实力较强的科研攻关队伍。为使银河-I工程如期完成，领导小组精简了各种烦琐的审批手续，物资部门想方设法采购、提供各种器材，后勤部门对家属安置、交通运输、水电保障、医疗保健、日常生活等问题都及时研究解决和妥善处理——有效保证了参研人员能够全身心地投入研制之中。由此可见，如果没有国家人、财、物的全方位保障，银河-I工程任务不可能高速度、高质量、高效率地完成。

此后，银河-II、银河-III等银河系列巨型计算机和天河一号、天河二号等天河系列超级计算机的研制，先后受到了江泽民、胡锦涛、习近平等党和国家领导人的关怀和指导，以及国防科工委、科技部、解放军总装备部、军委科技委等国家和军队最高科技机关的持续支持，超级计算机这一重大科技工程不断发展前进。

二、原始创新与集成创新相结合的技术路线

银河-I研制成功以来，由于项目涉及国家安全、需要长期保密等，团队成员并没有公开发表多少相关研究成果，工程与技术档案被封存，不为外界所知，导致业界对银河-I的创新性一直存在一些争议看法：有人认为银河-I没有什么实质性的创新内容，是对Cray-1的仿制、翻版；还有人认为银河-I即使有创新，也只是在工程组织实施方面的，等等。通过本书前文对银河-I研制与创新比较详细的阐述，特别是对银河-I与Cray-1的比较研究，作者试图说明的观点是：银河-I兼具技术创新与工程创新。这是银河-I研制始终坚持原始创新与集成创新相结合的技术路线的必然结果。

"创新"在当今的科技类文章中是一个常用词，而这个词源自20世纪初美籍奥地利经济学家约瑟夫·熊彼特（J. A. Joseph Alois Schumpeter，1883—1950），他在《经济发展理论》一书中对"创新"进行了系统的理论研究。虽然书中"创新"一词的概念具有一定普适性，但从严格意义上讲，熊彼特对"创新"的阐释主要还是针对经济领域，而并非科技领域。

孙烈先生在《制造一台大机器》一书中指出，西方科学界学者于20世纪七八十年代开始深入探讨创新的内涵：如美国学者温特（S. Winter）和纳尔逊（R. Nelson）共同提出的"创新进化论"，罗思韦尔（R. Rothwell）的"五代创新模式"，德鲁克（Peter F. Drucker）将创新分为技术创新和社会创新，弗里曼（C. Freeman）提倡"国家创新系统论"等。20世纪90年代，中国学界开始主动借鉴西方对创新的理论研究，并结合自身特点和实践历程对其进行完善。进入21世纪以后，中国逐步把"提高自

主创新能力、建设创新型国家"作为国家发展战略的核心和提高综合国力的关键。

所谓自主创新，是指通过拥有自主知识产权的独特核心技术以及在此基础上实现新产品价值的过程，主要包括原始创新、集成创新和引进消化吸收再创新三种形式。原始创新指前所未有的科学发现、技术发明、原理性主导技术等创新成果。集成创新指通过对各种现有技术的有效集成，形成有市场竞争力的产品或者新兴产业。引进消化吸收再创新指在引进国外先进技术的基础上，学习、分析、借鉴，进行再创新，形成具有自主知识产权的新技术。

对银河-I来说，巨型计算机研制是当时西方国家的核心技术，西方国家自始至终对中国进行严格的技术封锁和保密，引进消化吸收再创新这条路根本走不通，只能依靠原始创新和集成创新。因此，在银河-I研制之初，慈云桂就带领团队确定了走一条自力更生、学习与独创相结合、起点跟得上当时国际水平的新路。

技术方面，银河-I研制总体方案瞄准当时世界上性能最高的美国巨型计算机Cray-1，借鉴其成功的设计思想，使银河-I的研制既站在了高起点，又能够减少风险、少走弯路，并结合实际、扬长避短，创造性地提出中国巨型计算机自己的单处理机双向量阵列部件体系结构。对于实现每秒亿次级计算的硬件和软件关键核心技术，由于没有真机实物考察和详细资料研究，我国科研人员根本无法洞悉Cray-1的内部结构与设计原理。因此，靠技术反求、生产仿制来实现巨型计算机是根本不可能的，银河-I研制团队只能通过原始创新来完成。用双向量部件配以双流水线主存储器来提高一倍的向量运算速度、改进浮点倒数近似迭代算法、指令链接与流水控制、素数模双总线交叉访问的存储控制等硬件技术，以及自主研制的银河操作系统、向量高级语言和数学子程序库等亿次级巨型计算机的软件技术等，这些都是我们中国人自己的创新。

工程方面，银河-I工程是综合集成创新的典范，主要包括科学的组织管理、严密的生产组装、精湛的工程工艺等。设备器材上，银河-I工程采用"两条腿走路"的方针：凡国内已经生产，并且质量过关的，坚决采用国内的产品；凡国内没有或是不能保证质量的，则暂时从外国引进。事实证明，这样做充分利用了国家改革开放的条件，既为整个工程争取了时间、节约了研制经费，又保证了银河-I整体系统性能的高水平。值得指出的是，考虑到工程的周期与成本，购买非核心部件是国际计算机工程领域的惯例，美国Cray-1的大量部件也是从他国购买的。

银河-I研制成功后，研制单位坚持走原始创新与集成创新相结合的自主创新之路，取得了一大批重大成果。20世纪90年代，研制单位相继研制成功银河-Ⅱ、银河-Ⅲ等一系列巨型计算机，完成了从大规模并行体系结构的实现到可扩展共享存储并行体系结构的跨越，各代银河巨型计算机系统在总体上都达到了当时的国际先进水平，甚至有多项技术创新处于国际领先水平。新世纪新阶段，异构融合体系结构的天河一号、新型异构多态体系结构的天河二号等超级计算机研制成功，先后在国际超级计算机TOP500排行榜上夺得冠军。天河一号、天河二号核心部件芯片的国产化率不断提高。当前，新一代天河超级计算机的核心芯片已经实现完全国产化。

三、"集中力量干大事"的攻关机制

"集中力量干大事"是社会主义国家制度下开展大科学工程的基本原则和运行机制，在"两弹一星"工程中就已成功实践。事实证明，在银河-Ⅰ的研制中，这一攻关机制也是行之有效的。

银河-Ⅰ研制是一个复杂的大系统，要求研制队伍内部必须密切协同，形成集团作战。总设计师进行顶层设计与统筹谋划，将整体任务分为若干分系统任务，由各主任设计师负责。每名主任设计师又将分系统任务分为多个子任务，由各研究小组负责人承担。这种工程研究体制要求内部高度集中协作，构成一个有机联系的总体，有效推进科研攻关。在具体到某一个研究项目时，如研究系统总体方案、各分系统之间的接口关系以及技术难点等，通过集中组织总设计师-主任设计师-研究小组负责人联席会议，技术骨干们集体讨论，使重大问题得到突破，并保证了各部分之间的协调配合。又如，在研制过程中碰到关键技术问题时，就随时召集有关人员到现场看现象、找原因、群策群力、集智攻关。

银河-Ⅰ研制规模庞大、涉及面广，光靠研制单位的一己之力是很难完成的，这时全国科研大协作就发挥了优势。湖南大学等7所高等院校、西南计算中心等5家科研院所、国防科学技术大学理学系等4个兄弟单位都直接参加了银河-Ⅰ的研制任务；北京半导体器件一厂等4家生产厂商为银河-Ⅰ的研制提供了关键设备和器材；中国科学院计算所等10多家国内同行科研机构都在技术上给予了大力支持；国家科委、总参谋部联合，从航天部门和军事单位等集中抽调了100多名技术干部、招

聘了大批技术工人，为银河-I工程补充了人力资源。这么多家国内协作单位给予的大力支援，为银河-I的研制成功做出了贡献。

银河-I研制标准要求高、可靠性和稳定性要求严格，这对设计、生产和工艺都提出了特殊要求。当时没有高精度的自动化设备，为了确保生产进度和质量，在争取有关设备引进的同时，参研人员和技术工人集中智慧力量、团结合作，协同攻关国内设备研制难题。例如，印制电路板照相设备、印制电路板自动打孔设备、印制电路板导通自动测试仪、器件测试与老化设备、例行试验设备及插件测试设备等，都是靠研究室和工厂密切配合自行研制、生产出来的。又如，银河-I全机数以十万计的元器件都经过了严格的老化测试和筛选；上百块多层印制电路板，每块约有5000个金属化孔，这些金属化孔全都经过了孔壁电阻测试，全机230多万个焊点无一漏焊、虚焊和挂锡。

四、教学、科研、生产一体化的研发体系

优秀的科技工程成果离不开良好的研发体系，研发体系是技术创新中重要的一环。形成了教学、科研、生产一体化的研发体系是银河-I研制工程的又一特色，极大提升了技术创新的效率和效果。

坚持教学与科研相互结合、相互促进，始终是银河-I研制单位的一大优势。银河-I总设计师慈云桂认为：一方面，科研的发展为学生提供了丰富、实用的研究课题，为教学提供了雄厚的物质基础和广阔舞台，从而促进了教学内容的更新和教学水平的提高；另一方面，教学水平的提高，又反过来源源不断地为科研提供了强大的生力军和后备军，促进了科研人员理论水平的提高和高水平科研成果的诞生。因此，1978年银河-I研制开始时，研制单位重新划分教研室和研究室，一部分以教学工作为主，作为教学基本队伍；另一部分以科研工作为主，作为科研队伍。这两支队伍组织相对稳定，根据工作需要可以相互流动，教研相长，发挥各自优势。科研队伍在银河-I研制中受到了严密的科学方法训练和严格的科学作风熏陶，技术水平得到了提高；教学基本队伍结合银河-I工程开设有关课程，并指导研究生毕业设计，教学水平也同样得到提升。两支队伍通过总结银河-I工程的教学科研经验，将其中的新理论、新思想、新方法、新机制、新技术、新工艺提炼加工，写

成学术论文和著作，极大地促进了该单位计算机学科的建设与发展。

银河-I研制工程启动后，研制单位组建了计算机工厂，进一步将教学、科研和生产紧密地结合在一起。在银河-I工程实践中，科研与生产的结合是多层次的。计算机工厂按照总进度表制定长、短期生产计划，每月初对上月的生产情况进行汇总，形成生产情况简报。《计算机工厂生产情况简报》详述了每月各车间的具体生产情况，原料消耗量、成品与废品情况一目了然。银河-I研制团队通过这个简报及时掌握巨型计算机设计的实现情况，了解生产部门生产能力，并据此对原方案进行一定的修改，以更好地完成生产任务。银河-I的研制成功锻炼了计算机工厂的生产队伍，此后20多年来计算机系（所）研制的一系列巨、大、中、小型计算机都是自己的计算机工厂生产出来的，有关产品荣获了省部委和全军优质产品称号。

与此同时，银河-I研制工程教学、科研、生产一体化的研发体系对人才培养也具有良好的促进作用。银河-I研制期间，国防科学技术大学计算机系兼研究所共培养了590名本科生、62名硕士研究生。学员们的毕业设计大多数是围绕银河-I工程任务等科研工作展开，少数拔尖学生甚至参与了银河-I零部件的研发任务。一方面，银河-I的研制充分利用了学员这一"新鲜血液"，进一步确保了工程进度；另一方面，学员在大学学习阶段就能够接触大型科研项目，将所学知识转化为科研成果，也使其科研能力大为提高。研制单位在银河-I工程期间培养的一部分优秀学员，日后逐渐成长为银河系列巨型计算机研制的主要力量。

五、面向用户、实用好用的应用模式

坚持面向用户、实用好用的应用模式，是从银河-I研制过程的教训中得来的经验。在银河-I研制之前，总设计师慈云桂曾两次在全国范围内进行了深入调研，发现国防建设和国民经济的重大领域对巨型计算机有迫切的需求，于是上报中央力争尽早开展研制任务。但当银河-I工程启动后，由于国家和军队的大力支持，研制团队的主要精力都放在如何突破关键核心技术、成功研制出我国的第一台亿次级巨型计算机上，忽视了研制成功后直接应用到哪些领域、如何落实用户单位的具体需求等问题，或者说研制团队对巨型计算机的应用开发方面研究得不够。在银河-I研制的结尾测试阶段，这个问题被慈云桂意识到，他发现银河-I研制过程中团队

与用户单位沟通联系得不够；硬件方面，向量计算与一些用户单位习惯的标量运算有不少差别；软件方面，与具体应用配套的程序很多都没有开发出来。于是，在1983年12月的银河-Ⅰ国家鉴定大会上，慈云桂在进行大会报告时，还重点提及了这些不足之处："绘图软件没有同步开发，以致未能满足部分大型用户上机的急需；与用户结合的科学库、数据库和专用程序包少，导致某些用户单位本身应用程序在银河-Ⅰ上的向量计算效率存在一时的困难；并行算法和并行程序设计的研究亟待大力开展；银河机局部网系统的研究与建设还没有及时跟上；应用范围和用户单位没有进一步拓展。"

为了弥补应用上的不足，1983年在银河-Ⅰ研制成功后，国防科学技术大学迅速与石油部物探局和中国工程物理研究院签订协议，在石油地震处理和核科学研究方面开展巨型计算机的应用合作。虽然生产出的3台银河-Ⅰ后来都为国防建设和经济发展做出了贡献，但银河-Ⅰ滞后的应用服务还是影响到了1988年银河-Ⅱ的研制。《国防科学技术大学计算机系兼研究所史》对此有深刻记述："在银河-Ⅰ研制成功后，由于没有明确的用户需求，我们一直等了五年，才使银河-Ⅱ批准立项。五年，这在当今计算机科学技术迅速发展的年代，是多么残酷的消耗！"国防科委张学东副主任听取了关于银河工程的汇报后，曾深有感触地说："情报不通，需求不明，银河巨型机的发展就不会顺利！"

吸取银河-Ⅱ的教训，在1994年银河-Ⅲ研制之前，国防科学技术大学计算机系兼研究所确立了"面向用户、实用好用"的指导思想，预先开展了新一代巨型计算机的应用可行性研究，与国家核能科学研究的重要用户单位建立了密切的"捆绑式"合作关系，为今后银河系列巨型计算机的研制和应用找到了正确的合作模式与发展道路。

六、可持续发展的"银河"科研品牌

银河-Ⅰ的研制成功结束了我国没有巨型计算机的历史，实现了我国巨型计算机"零的突破"，打破了西方封锁，增强了国防实力，由此开创出的"银河"科研品牌开始驰名内外。

第一，发展了"银河事业"。以银河-Ⅰ研制成功为榜样和激励，40多年来，研制单位国防科学技术大学计算机学院先后自主研制出银河-Ⅱ、银河-Ⅲ等一系列巨型

计算机，以及天河一号、天河二号等"天河"系列超级计算机，具有银河仿真计算机、银河玉衡核心路由器、银河飞腾系列芯片和银河麒麟服务器操作系统等多项重大科研成果，有的填补了国家空白，有的达到了国际先进水平。天河一号、天河二号相继成为全球最快的超级计算机，登顶世界超算之巅。截至本书成稿之日，国防科技大学（2017年更名）计算机学院荣获特等国防科技成果奖1项，国家科学技术进步奖一等奖7项、二等奖6项，国家级教学成果奖特等奖1项、一等奖2项，国家技术发明奖二等奖1项，军队和部委科技进步奖一等奖100多项。

第二，凝聚了"银河队伍"。银河-I研制工程锻造了一支能吃苦、能攻关、能创新、能协作的科研国家队，一个以国家任务为己任、自觉为科技强军献身的高科技群体，它在战斗中成长，在前进中崛起。在银河-I及后续一系列巨型计算机的研制过程中，相继涌现出中国科学院学部委员1人（慈云桂）、中国科学院院士3人（周兴铭、杨学军、王怀民）、中国工程院院士4人（陈火旺、卢锡城、宋君强、廖湘科）；自银河-I研制成功以来，研制单位累计培养出500多名博士、4000多名硕士、1万多名学士；研制团队荣立集体一等功1次，被中央军委授予"科技攻关先锋"荣誉称号。

第三，形成了"银河精神"。自承担银河-I研制任务以来，研制团队在长期的银河工程科研实践中自觉形成了以"胸怀祖国、团结协作、志在高峰、奋勇拼搏"为内容的银河精神，这一精神成为研制单位凝聚队伍、发展事业的精神圭臬。1991年12月，在我国首台十亿次级巨型计算机——银河-II即将研制成功之际，国防科学技术大学计算机系召开第四次党代会，正式把银河精神确定下来，以供后来者不断学习、传承。2006年，解放军总政治部把银河精神与井冈山精神、长征精神、雷锋精神、"两弹一星"精神、载人航天精神等43种革命精神并列，一同收入《革命精神光耀千秋》思想政治教育教材。

银河事业凝聚起银河队伍，银河队伍在巨型计算机研制中形成了银河精神，银河精神的传承与弘扬又进一步团结和壮大银河队伍，发展出新的银河事业——这就是"银河"科研品牌所形成的良性循环，对银河系列、天河系列巨型计算机的研制，乃至整个中国巨型计算机事业的发展都产生了积极影响。

结　语

银河疑是九天来，妙算神机费剪裁。跃马横刀多壮士，披星戴月育雄才。

——慈云桂

　　中国第一台巨型计算机——银河-I 的研制、创新与影响，集中地反映了改革开放之初同一历史时期一大批国家大型科学研究工程项目，着眼国家和军队战略需求、突破关键核心技术、坚持走中国特色自主创新之路的光辉历程。银河-I 的成功，不仅得益于改革开放的历史机遇与发展条件，还得益于新中国成立以来广大科研机构和科技工作者在相关科学技术上的不断探索与积累，得益于"两弹一星"等大科学工程成功的运行机制和精神激励。银河-I 不仅满足了我国尖端技术研究的急需，增强了国防硬实力，支援了国民经济建设，还突破了西方的技术封锁，使我们在独立自主地掌握计算机科学技术的道路上向前跨越了一大步，积累了一整套研发高性能计算机的经验。自银河-I 研制成功以来，银河、天河、曙光、神威、深腾等一批国产超级计算机系统相继问世，天河一号、天河二号、神威·太湖之光先后登上世界超级计算机 TOP500 排行榜榜首。习近平总书记在党的二十大报告中指出，我国"一些关键核心技术实现突破，……超级计算机……等取得重大成果，进入创新型国家行列"。

　　今天，我国超级计算机自主创新迎来了新的战略机遇期。从技术积累和发展势头两个方面来看，我国超级计算机的整机研制水平实力雄厚，部分关键核心技术已居世界领先地位；从科技支撑与产业发展来看，我国超级计算机的生产能力和应用服务水平也已位居世界前列。同时，我国超级计算机的发展也面临着极大的挑战。我们需要加强超级计算机国家战略科技力量，统筹构建自立自强的超级计算机研发与应用体系，协同攻关一系列关键核心技术；亟待重视能源消耗和应用效益的费效比，提高国产超级计算机资源利用效率和应用服务效益；必须采取超常规手段培养和吸纳人才，加快打造世界级超算人才高地；期望建立完善的国际交流的话语体系和标准体系，开辟有利于超算国际竞争的新环境、新赛道。银河-I 研制成功的历史经验，也在这些方面带给我们有益的思考与启示。

回顾历史、展望未来，只要我们坚定走中国式现代化的高水平科技自立自强之路，中国超算的优势必将在未来的世界竞争中占据更加主动的地位。

谨以此书纪念银河-I巨型计算机研制成功40周年！

司宏伟

2023年12月

于中国科学院中关村基础科学园区

参考资料

1. 档案

[1] 银河-I国家鉴定会材料[A]. 国防科技大学计算机学院档案室.

[2] 银河-I有关软硬件设计资料[A]. 国防科技大学计算机学院档案室.

[3] 银河-I模型机资料[A]. 国防科技大学计算机学院档案室.

[4] 银河-I软件用户资料[A]. 国防科技大学计算机学院档案室.

[5] 银河-I硬件用户资料[A]. 国防科技大学计算机学院档案室.

2. 专著

[1] 国防科学技术大学校史编审委员会. 国防科学技术大学计算机系兼研究所史（1956—1993）[Z]. 长沙：国防科学技术大学（内部印制），1994.

[2] 国防科学技术大学校史编审委员会. 国防科学技术大学计算机系兼研究所史（1994—1999）[Z]. 长沙：国防科学技术大学（内部印制），2000.

[3] 国防科学技术大学计算机学院政治部. 纪念银河-I研制成功二十周年文集[Z]. 长沙：国防科学技术大学（内部印制），2003.

[4] 中国科学院计算所. 中国科学院计算技术研究所三十年（1956—1986）[Z]. 中国科学院（内部印刷），1986.

[5] 胡守仁. 计算机技术发展史[M]. 长沙：国防科技大学出版社，2016.

[6] 刘世恩. 银河颂[M]. 长沙：湖南出版社，1996.

[7] 刘世恩. 银河颂（续篇）[M]. 长沙：湖南科技出版社，1996.

[8] 刘世恩，刘凤健. 银河魂[M]. 北京：军事科学出版社，2003.

[9] 刘世恩. 银河精神的形成与传扬[M]. 长沙：国防科学技术大学出版社，2009.

[10] 郭平欣，陈力为. 中国计算机工业概览[M]. 北京：电子工业出版社，1985.

[11] 陈厚云，王行刚. 计算机发展简史[M]. 北京：科学出版社，1985.

[12] 徐祖哲. 溯源中国计算机[M]. 北京：生活·读书·新知三联书店，2015.

[13] 雷勇. 慈云桂传[M]. 长沙：国防科技大学出版社，2017.

[14] 张柏春，姚芳，张久春，等．苏联技术向中国的转移（1949—1966）[M]．济南：山东教育出版社，2004．

[15] 孙烈．制造一台大机器——20世纪50—60年代中国万吨水压机的创新之路[M]．济南：山东教育出版社，2012．

[16] 刘益东，李根群．中国计算机产业发展之研究[M]．济南：山东教育出版社，2006．

[17] 哈军工校友会．难忘的哈军工[M]．哈尔滨：哈尔滨工程大学出版社，2003．

[18] 腾叙兖．哈军工传[M]．长沙：湖南科学技术出版社，2005．

[19] 刘戟峰，刘艳琼，谢海燕．两弹一星工程与大科学[M]．济南：山东教育出版社，2006．

[20] 白瑞雪．巅峰决战[M]．长沙：湖南科学技术出版社，2014．

[21] 刘顺鸿．中美高技术争端分析[M]．北京：中国社会科学出版社，2017．

[22] 中共中央文献编辑委员会．邓小平文选[M]．北京：人民出版社，1995．

[23] 杜澄，李伯聪．工程研究——跨学科视野中的工程[M]．北京：北京理工大学出版社，2004．

[24] 殷瑞钰，汪应洛，李伯聪，等．工程哲学[M]．北京：高等教育出版社，2007．

[25] 吴国盛．科学的历程[M]．长沙：湖南科学技术出版社，2018．

[26] 熊彼特．经济发展理论[M]．何畏，易家详，张军扩，等译．北京：商务印书馆，1990．

[27] 德鲁克．创新与企业家精神[M]．蔡文燕，译．北京：机械工业出版社，2007．

[28] 黑格，塞鲁齐．计算机驱动世界——新编现代计算机发展史[M]．刘淘英，译．上海：上海科技教育出版社，2022．

[29] CRI. Cray-1 Computer system hardware reference manual(2240004)[M]. C ed. Minnesota: Cray Research Inc., 1977.

[30] KOWALIK J S. Supercomputing[M]. Berlin: Springer, 1989.

[31] MURRAY C J. The supermen: the story of seymour cray and the technical wizards behind the supercomputer[M]. New York: John Wiley & Sons, 1997.

[32] MICHAEL R W. A history of computing technologey[M]. 2nd ed. California: IEEE Computer Society Press, 1997.

3. 期刊文章

[1] 慈云桂，胡守仁. 785型计算机总体设计[J]. 计算机工程与科学，1980（2）：3-46.

[2] 慈云桂，胡守仁. 亿次级巨型计算机技术发展近况[J]. 计算机工程与科学，1983（1）：3-10.

[3] 慈云桂，胡守仁. 巨型计算机系统综述[J]. 电子学报，1984（3）：91-98.

[4] 慈云桂. 银河计算机与并行算法[J]. 计算机学报，1987（2）：121-129.

[5] 慈云桂，杨晓东，于长海. 一种新型无冲突访问存贮系统的分析[J]. 计算机工程与科学，1982（2）：1-11.

[6] 周兴铭，张民选. 倒数近似迭代算法的理论分析与方案探讨[J]. 计算机工程与科学，1980（2）：81-99.

[7] 杨学军. 并行计算六十年[J]. 计算机工程与科学，2012，34（8）：1-10.

[8] 张久春，张柏春. 20世纪50年代中国计算技术的规划措施与苏联援助[J]. 中国科技史料，2003（3）：4-30.

[9] 王行刚，陈厚云. 日本信息产业是怎样力争后来居上的？[J]. 自然辩证法通讯，1980（4）：60-65.

[10] 徐正春. CRAY-1计算机系统简介[J]. 电子计算机动态，1978（4）：19-33.

[11] 赵阳辉. 神机妙算在银河——中国巨型机技术的先驱慈云桂[J]. 自然辩证法通讯，1999，21（5）：61-70.

[12] 周兴铭，赵阳辉. 慈云桂与中国银河机研究群体的发展历程[J]. 中国科技史杂志，2005（1）：41-49.

[13] 赵阳辉. 银河系列计算机的研制与应用——中国大科学的成功案例分析[J]. 自然辩证法研究，1992（6）：43-47.

[14] 赵阳辉. 中国银河机研究群体的基本特征与现状[J]. 自然辩证法通讯，1996（5）：32-40+80.

[15] 赵阳辉，吴迪. 银河亿次巨型计算机工程组织管理研究[J]. 科学管理研究，2010（3）：9-16.

[16] 赵阳辉. 银河亿次巨型计算机创新性研究——以工程本质、决策及文化为中心[J]. 自然辩证法研究，2012，28（7）：51-55.

[17] 司宏伟，冯立昇. 世界超级计算机创新发展研究[J]. 科学管理研究，2017，35（4）：117-120.

[18] 司宏伟，冯立昇. 中国第一台亿次巨型计算机"银河-I"研制历程及启示[J]. 自然科学史研究，2017，36（4）：563-580.

[19] 司宏伟，冯立昇. 世界超级计算机之父：西蒙·克雷[J]. 自然辩证法通讯，2018，40（7）：127-133.

[20] 司宏伟，杜秀春. 中国首台十亿次巨型计算机银河-Ⅱ研制始末[J]. 中国科技史杂志，2020，41（2）：124+127-139.

[21] 司宏伟. 中国超级计算机研制反思——从第一台国产超级计算机"银河-I"说起[J]. 科学文化评论，2021，18（1）：109-119.

[22] 司宏伟. 钱学森与中国计算事业初创[J]. 自然辩证法通讯，2022，44（8）：58-64.

[23] 司宏伟. 珍贵的历史记忆：中国第一台巨型计算机"银河-I"研制之路[J]. 中国计算机学会通讯，2023，19（12）：36-42.

[24] TOBY H. Seymour Cray: an appreciation[J]. Personal Computer World Magazine, 1997(2): 1-2.

[25] YANG X J. Thoughts on high-performance computing[J]. National Science Review, 2014(3): 2.

[26] ZHANG J C, ZHANG B C. Founding of the Chinese academy of sciences' institute of computing technology[J]. IEEE Annals of the History of Computing, 2007, 29(1): 16-33.

[27] SI H W. Seymour Cray: the father of world supercomputer[J]. History Research, 2019, 7(1): 1-6.

[28] SI H W. The art of a complex giant system—supercomputer in the world and china[J]. History Research, 2021, 9(1): 58-64.

[29] SI H W, Feng L S. The development and innovation of the first supercomputer YH-1 in China: from the perspective of technology history[J]. Chinese Annals of History of Science and Technology, 2021, 5(2): 161-186.

[30] SI H W. Qian Xuesen's role in computer development of China[J]. History Research, 2023, 11(2): 60-67.

4. 学位论文

[1] 刘丹. 银河-Ⅰ到银河-Ⅲ：工程创新研究 [D]. 长沙：国防科学技术大学，2008.

[2] 吴迪. 工程哲学视角下的银河-Ⅰ亿次巨型机案例研究 [D]. 长沙：国防科学技术大学，2010.

[3] 温运城. 银河巨型计算机工程团队师承研究 [D]. 长沙：国防科学技术大学，2012.

[4] 孙晓莉. "银河-天河"科学精神传播研究 [D]. 长沙：湖南大学，2012.

致 谢

飞流直下三千尺，疑是银河落九天。本书付梓之际，笔者不禁感慨身处时代的奔流与璀璨。自己一路前行，离不开很多人的支持与帮助！感激之情，须以言表。

感谢我的父母，是你们给予我生命并始终陪伴。你们的爱与坚强，使我满怀信心和力量，即使在最困难的时候也能坚持学术理想，勇往直前。

感谢中国科学院自然科学史研究所副所长（主持工作）关晓武研究员、所党委书记赵力、所纪委书记赵艳等领导的关怀，张柏春研究员、韩毅研究员、孙烈研究员、田淼研究员、姚大志研究员、陈朴研究员等前辈与同事的支持，"十四五"重大专项课题"中外科技创新史比较研究——科技自立自强之路"全体成员的帮忙，以及崔晋等同学的协助，很荣幸在学术殿堂中与你们一同徜徉。

感谢清华大学科技史暨古文献研究所所长、我的博士研究生导师冯立昇教授，科学史系主任和科学博物馆馆长、我的博士后合作导师吴国盛教授等老师一直以来给予我的悉心教诲与指导；感谢蒋澈、王哲然、刘年凯、马玺、张楠等博士后校友，我们6个兄弟姐妹曾经在美丽的清华园里同一办公室朝夕相处、一同慢慢赶路。

感谢中国人民解放军军事科学院院长、我的硕士研究生导师杨学军院士和师母唐玉华教授，国防科技大学计算机学院卢凯院长、文青政委等领导，胡守仁教授、齐治昌教授、王志英教授、刘世恩政委、杨一艺主任、郑光辉副主任等老专家、老领导，张均英、胡浩、管剑波、李琰、刘丹、文玲、高沅铭等老同事、老朋友，原航天与材料工程学院雷勇副政委、原人文与社会科学学院赵阳辉副教授等师长、好友的大力支持与协助。一朝是战友，终生是战友。

感谢内蒙古自治区档案馆可伟研究馆员等同人，内蒙古师范大学科学技术史研究院罗见今教授、郭世荣教授等老师，以及在家乡学习和工作时许多长辈、友人对我的指导与启示。

感谢中国计算机学会理事长孙凝晖院士、前理事长梅宏院士、秘书长唐卫清研究员、副秘书长臧根林博士，以及计算机历史工作委员会和计算机博物馆技术委员会的所有委员们。

感谢人民邮电出版社科技出版中心王威总经理、贺瑞君高级策划编辑、王琪编辑、陆天和编辑等，你们严谨细心的工作让本书的质量有了保证。

感谢中国计算机历史研究资深专家徐祖哲先生、英国剑桥李约瑟研究所所长梅建军教授、美国加州州立理工大学波莫纳分校王作跃教授、上海交通大学姜玉平研究馆员、北京航空航天大学胡春明教授、中国科学院大学王大明教授、中国科学技术大学胡化凯教授与王安轶副教授、北京大学严伟副教授、电子科技大学博物馆赵轲主任、合肥子木园博物馆谭丽娅馆长、水利部信息中心雍熙高级工程师、上海铁路局徐州职工培训基地周坤工程师、中国信息通信研究院王泽宇工程师、北京爱太空科技发展有限公司白瑞雪董事长……恕我没能一一列全尊名。

感谢所有爱我的和我爱的人！